茶叶密码

（修订版）

郝连奇 著
张正竹 审阅

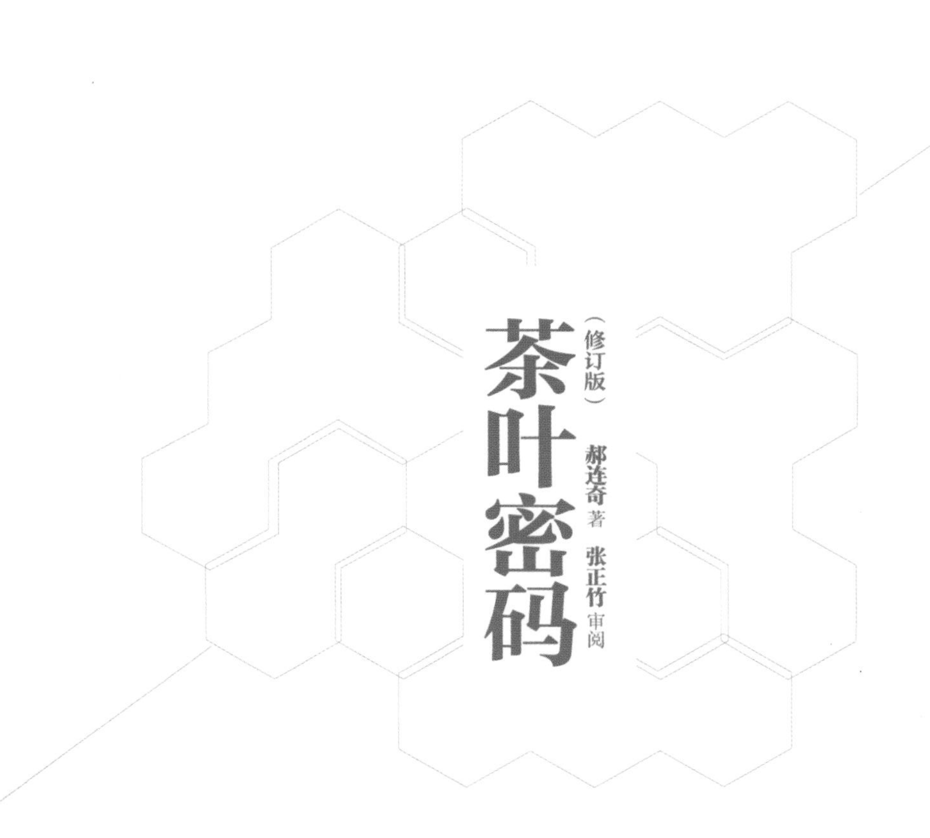

華中科技大學出版社
http://www.hustp.com
中国·武汉

序

郝连奇先生是我见过的唯一在名片上署名“安徽农业大学机茶九二级毕业生”的校友，仅凭这一点就足可见其对母校的眷恋和对茶的痴迷。果然，二十多年的职场打拼，不仅成就了郝连奇先生在天津茶业界的辉煌业绩，也让他成为远近闻名的传播中华茶文化的热心人。他的《茶叶密码》就是例证。

密码本来是一种用来混淆的技术，力图将正常的可识别的信息转变为无法识别的信息。连奇先生的著作《茶叶密码》则是反其道而行之，把博大精深的茶叶科学和饮茶文化尽可能大众化，用通俗的语言和更容易被接受的图文并茂的方式，为广大的茶叶爱好者准备了一把打开科学饮茶知识殿堂大门的钥匙；是在深刻理解茶叶科学和饮茶文化基础上的科学普及和经验交流；是探究和破译饮茶科学密码的大胆而有益的尝试。

众所周知，茶树源于我国，我国人工栽培茶树有 3000 多年历史，是世界上最早种茶、制茶、饮茶的国家。我国也是世界最大的产茶国和消费国，茶树种植面积占全球茶园总面积近 60%，茶叶产量占全球茶叶总产量的 40% 以上，茶产业已经成为我国的传统优势特色农业产业。目前全世界有 160 多个国家和地区的 30 多亿人饮茶，茶是世界上传承最悠久、饮用最普遍的软饮料。

英国科技史专家李约瑟曾说过，茶是中国继火药、造纸术、印刷术、指南针四大发明之后，对人类的第五大贡献。茶叶之所以能够风靡世界，主要源自于其独特的风味和健康价值，而成就茶叶风味和健康功能的物质基础则应归功于茶叶中丰富的次级代谢产物。茶树次级代谢由茶树初级代谢派生而来，在次级代谢上与其他高等植物相比具有独特性，具体表现在茶叶中含量极其丰富的儿茶素、咖啡碱和茶氨酸等次级代谢产物上；同时，茶鲜叶中还含有丰富的茶皂素、茶多糖、香气物质、类胡萝卜素、维生素等代谢产物。这些物质最终赋予了茶叶独特的色、香、味等品质特征和健康功能，成为风靡世界的绿色健康饮品。

连奇先生事茶爱茶，他从茶叶爱好者的视角，把艰深难懂的专业知识进行梳理，再用大众的语言，图文并茂的方式进行解读，娓娓道来、通俗易懂。文字不多，但内容丰富，从茶叶中的化学成分到科学饮茶，内容涵盖了茶叶中的内含成分及其健康功能、茶的品饮方法和审评知识；书中绘制了大量的插图、表格甚至卡通漫画，图文并茂，彩色印刷，装帧精美，让人不忍释手，实在是普及饮茶知识的有益尝试。如果说当下纷繁庞杂的各类茶学著作是齐放的百花，这部《茶叶密码》则是带着茶香的奇葩，清新而不失雅致。

研究和宣传茶文化和茶叶科技的著作不胜枚举，通常都是按照知识的逻辑，采用学术的语言来撰写，茶叶爱好者通常抱怨这些专著过于专业、艰涩难懂，且读来无趣。《茶叶密码》这类用大家喜闻乐见的语言和表达方式书写的科普读物实在难得。从这个意义上说，连奇先生的《茶叶密码》在茶叶爱好者和茶叶科技工作者之间架起了一座沟通的新桥梁。

这些年，茶叶产业的繁荣和茶叶经济的快速发展，造就了一批茶叶行业的精英群体，他们不光事茶、爱茶，而且懂茶、学茶，在成就自身事业的同时，不忘宣传普及茶文化和茶科技，正是有这个精英群体的存在，助推了茶叶产业和茶叶文化的勃勃生机。我深信，随着茶文化和茶叶科技的广泛传播，绵延数千年的传统茶叶产业将焕发出更加强盛的生机和活力，吸引越来越多的茶叶爱好者。

在《茶叶密码》即将付印之际，谨此为序。

宛晓春

二〇一五年十一月二十六日

于茶树生物学与资源利用国家重点实验室

自 序

决定写这本书的时候，已经学茶 23 年了。我一直有一个梦想，能够用最通俗的语言，说明白茶叶里的物质，以及对人体的好处，然后把它整理成一本册子，来指导人们如何科学泡茶、科学饮茶。这个念头充盈着我学茶的点滴时光，也成为了我多年努力的目标和前进的动力。

将这本书定名为《茶叶密码》，说实话，觉得有些不太妥当。有哗众取宠，故弄玄虚，或吸引眼球的嫌疑。但如若如此，能让更多的人走进茶，了解茶，便也是另一种意义。

《茶叶密码》并不是茶叶学术性的研究类书籍，只是一本茶叶科普类图书。目的并不是在茶叶生物化学、审评与实验上进行深度探索，而是定位为一本有关茶与健康的普及型小册子。

《茶叶密码》告诉我们，茶叶主要含有哪些神奇的物质，影响我们口味的是哪些物质，对我们有保健功能的又是哪些物质。

本书的价值在于将复杂难懂的茶叶生物化学术语变成通俗易懂的语言，让神秘的化合物能够看得见、喝得到，变成可观、可感、可触碰的东西。在富有趣味的表述中，不仅知道怎样泡好一壶茶，而且明白茶对健康的意义。

如哪些内容您认为缺乏科学性，或有失偏颇，您可单独联系我，我愿意向您学习。

郝连奇

二〇一五年十一月十日

于天津市茶叶学会

<table>
<tr><td rowspan="14">茶树鲜叶内含物</td><td colspan="4">水分（75%~78%）</td></tr>
<tr><td rowspan="13">干物质
（22%~25%）</td><td rowspan="11">有机化合物</td><td>蛋白质
（20%~30%）</td><td>主要是谷蛋白、球蛋白、精蛋白等</td></tr>
<tr><td>氨基酸
（1%~4%）</td><td>已发现 26 种，主要是茶氨酸、天门冬氨酸、谷氨酸等</td></tr>
<tr><td>生物碱
（3%~5%）</td><td>主要是咖啡碱、茶碱、可可碱</td></tr>
<tr><td>茶多酚
（18%~36%）</td><td>主要是儿茶素，占总量的 70% 以上</td></tr>
<tr><td>糖类
（20%~25%）</td><td>单糖、寡糖、多糖和其他糖类</td></tr>
<tr><td>有机酸
（3% 左右）</td><td>主要是苹果酸、柠檬酸、草酸、脂肪酸、没食子酸等</td></tr>
<tr><td>脂类
（8% 左右）</td><td>主要是脂肪、磷脂、甘油酯、硫脂和糖脂等</td></tr>
<tr><td>酶
（3%~5%）</td><td>主要是水解酶、磷酸化酶、裂解酶、氧化还原酶、同工酶等</td></tr>
<tr><td>色素
（1% 左右）</td><td>主要是叶绿素、叶黄素、胡萝卜素、黄酮类物质、花青素、茶多酚的氧化产物</td></tr>
<tr><td>芳香物质
（0.005%~0.03%）</td><td>醇类及部分醛类、酸类化合物</td></tr>
<tr><td>维生素
（0.6%~1.0%）</td><td>维生素 C、A、E、D、B1、B2、B3、B5、B11、K、H</td></tr>
<tr><td rowspan="2">无机化合物</td><td colspan="2">水溶性部分（2%~4%）</td></tr>
<tr><td>水不溶性部分
（1.5%~3%）</td><td>主要成分是：钾、磷、钙、镁、铁等</td></tr>
</table>

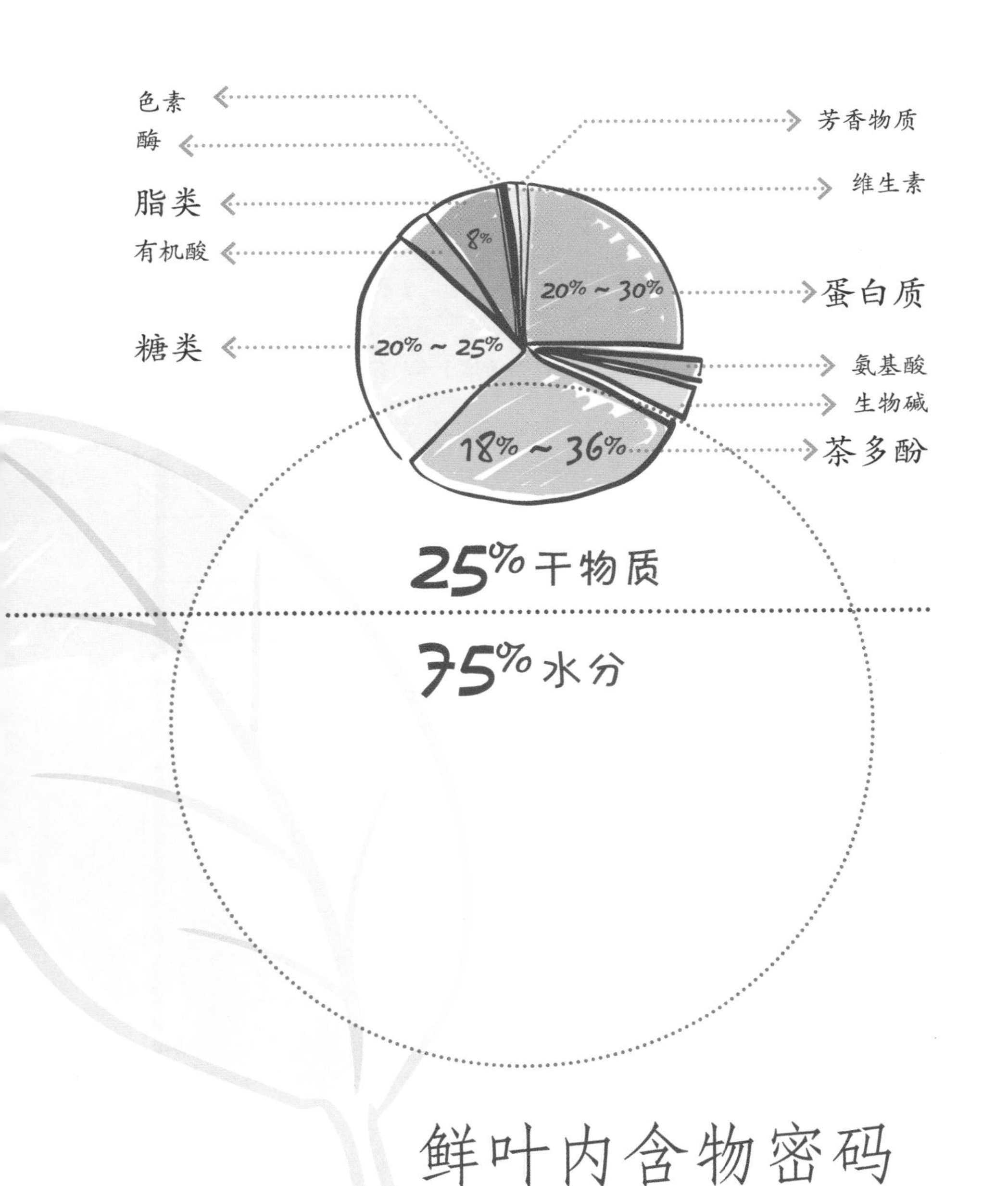
色素
酶
脂类
有机酸
糖类
芳香物质
维生素
蛋白质
氨基酸
生物碱
茶多酚
8%
20% ~ 30%
20% ~ 25%
18% ~ 36%
25% 干物质
75% 水分

鲜叶内含物密码

<table>
<tr><td rowspan="15">茶叶内含物</td><td rowspan="7">1. 茶多酚</td><td rowspan="2" colspan="4">儿茶素类
（75%）</td><td colspan="2">游离型</td><td colspan="6">表儿茶素 EC
表没食子儿茶素 EGC</td></tr>
<tr><td colspan="2">酯型</td><td colspan="6">表儿茶素没食子酸酯 ECG
表没食子儿茶素没食子酸酯 EGCG</td></tr>
<tr><td rowspan="2" colspan="4">黄酮类
（花黄素类）
（10% 以上）</td><td colspan="8">黄酮</td></tr>
<tr><td colspan="8">黄酮醇</td></tr>
<tr><td colspan="4">酚酸和
缩酚酸类
（10%）</td><td colspan="8">为易溶于水的芳香类化合物</td></tr>
<tr><td rowspan="2" colspan="4">花青素类
（含量少）</td><td colspan="8">花青素</td></tr>
<tr><td colspan="8">花白素</td></tr>
<tr><td rowspan="3">2. 色素</td><td colspan="12">天然色素</td></tr>
<tr><td colspan="12">加工过程中形成的色素</td></tr>
<tr><td colspan="4">茶黄色（TF）</td><td colspan="4">茶红素（TR）</td><td colspan="4">茶褐素（TB）</td></tr>
<tr><td>3. 生物碱</td><td colspan="4">咖啡碱</td><td colspan="4">可可碱</td><td colspan="4">茶叶碱</td></tr>
<tr><td>4. 氨基酸</td><td colspan="12">茶氨酸占 50% 左右</td></tr>
<tr><td>5. 糖类</td><td colspan="3">单糖</td><td colspan="3">双糖</td><td colspan="3">多糖</td><td colspan="3">茶多糖</td></tr>
<tr><td>6. 芳香物质</td><td colspan="12">已发现的芳香物质有 700 种左右</td></tr>
<tr><td>7. 茶皂苷</td><td colspan="12"></td></tr>
</table>

茶叶
内含物密码
茶多酚
儿茶素类
酚酸和缩酚酸类
黄酮类
花青素类
色素
天然色素
加工中形成的色素
生物碱
咖啡碱
可可碱
茶叶碱
氨基酸
茶氨酸
糖类
单糖
双糖
多糖
茶多糖
芳香物质
700 种
茶皂苷

1. 脂溶性色素（决定干茶色泽和叶底颜色）

叶绿素 a …… 深绿色
叶绿素 b …… 黄绿色
胡萝卜素 …… 橙红色
叶黄素 …… 黄色
茶红素与碱蛋白结合 …… 红色叶底

2. 水溶性色素（决定茶汤的颜色）

花黄素类 …… 黄色
花青素类 …… 红紫色 / 叶底靛青色
茶黄素 …… 黄色
茶红素 …… 深红色
茶褐素 …… 褐色

叶绿素 a

叶绿素 b

茶红素与碱蛋白结

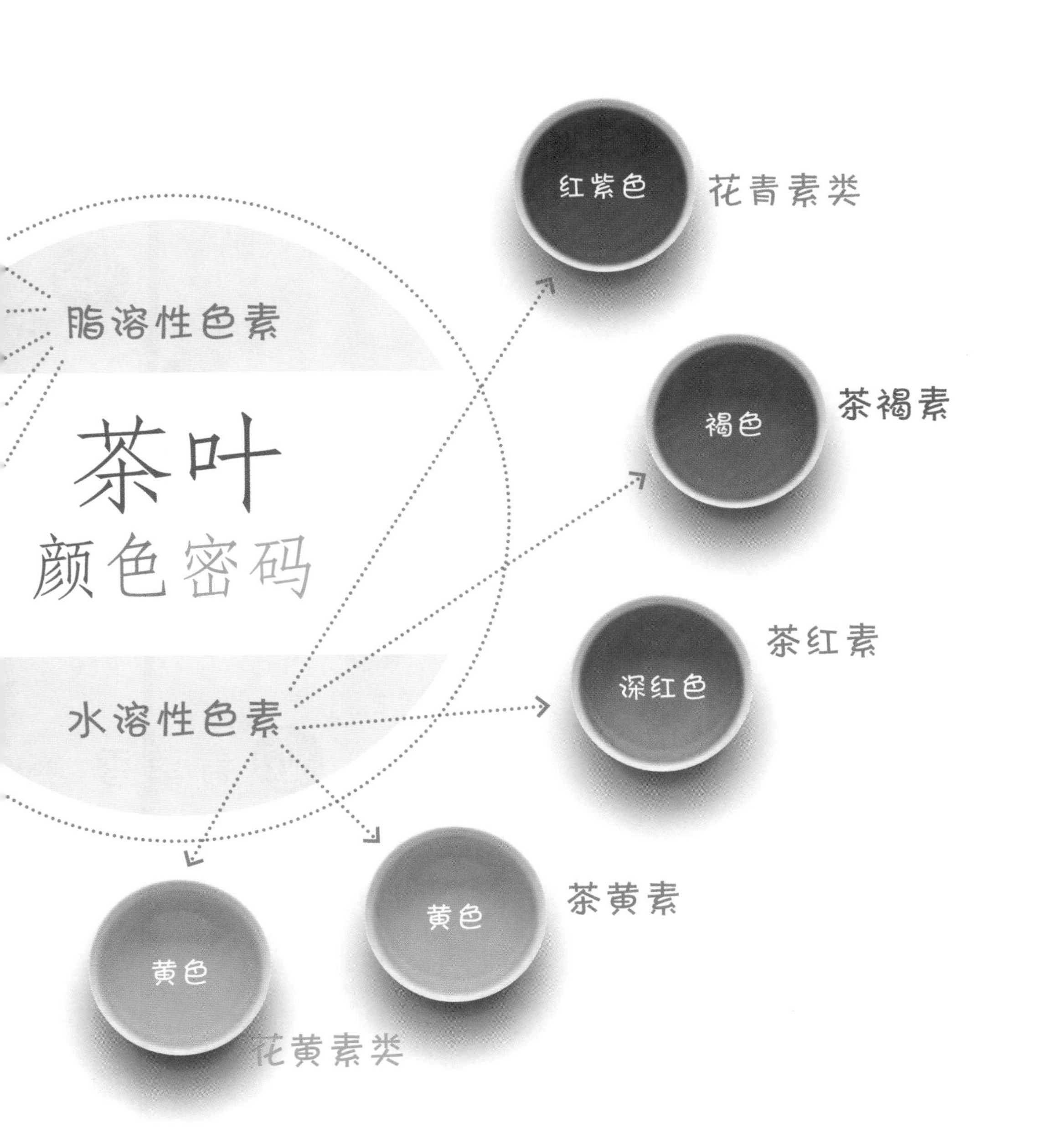

茶叶
颜色密码
脂溶性色素
水溶性色素
红紫色
花青素类
褐色
茶褐素
深红色
茶红素
黄色
茶黄素
黄色
花黄素类

香型	物质
青草香	青叶醇（顺 –3– 乙烯醇）
清香味	反式青叶醇（反 –3– 乙烯醇）
兰香	芳樟醇（沉香醇）
蜜香	苯乙酸苯甲酯
玫瑰香	苯乙醇、香叶醇（祁红）、香草醇、橙花醇、醋酸香叶醇
茉莉香	茉莉酮
花果香	苯甲醇、苯丙醇、已烯醛、苯甲醛、橙花醛、香草醛、α – 紫罗酮和 β – 紫罗酮、醋酸香草醇、醋酸芳樟醇、醋酸橙花醇
果味香	醋酸苯乙酯
肉桂香	肉桂醛
木香	橙花叔醇（乌龙茶）、木醇（陈年生普）
松木香	萜烯
陈香	1– 戊烯 –1– 醇、苯乙醛、n– 壬醛、n– 癸醛、芳樟醇氧化物、辛二烯酮

玫

蜜香

兰香

芳樟醇（沉香

清香 反式青叶醇（反 –3–乙

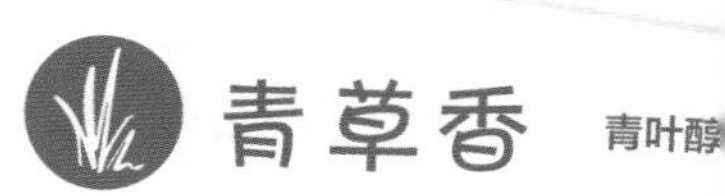

花果香
苯甲醇、苯丙醇、己烯醛、苯甲醛
橙花醛、香草醛、a-紫罗酮
和β-紫罗酮、醋酸香草醇
醋酸芳樟醇、醋酸橙花醇
果味香
醋酸苯乙酯
肉桂香
肉桂醛
木香
橙花叔醇（乌龙茶）
木醇（陈年生普）
松木香
蒎烯
陈香
1-戊烯-1-醇、苯乙醛
n-壬醛、n-癸醛
芳樟醇氧化物、辛二烯酮
茉莉酮
香叶醇（祁红），
茶叶
香气密码

1. 茶多酚……苦味 + 涩味

酯型儿茶素……苦涩 + 刺激性 + 收敛性
简单儿茶素……味醇 + 爽口
花青素……苦味

2. 茶多酚氧化物……刺激性 + 收敛性

茶黄素……辛辣味 + 收敛性较强
茶红素……甜醇 + 收敛性较弱
茶褐素……平淡 + 微甜 + 无收敛性

3. 氨基酸（茶氨酸）……鲜爽

酚氨比……醇度
单糖与氨基酸……香气

4. 生物碱（咖啡碱）……苦味

咖啡碱与茶黄素……强度 + 鲜爽度
咖啡碱与茶红素……浓度 + 强度

5. 糖类……甜味 + 甘滑

单糖……甜味 + 甘滑
双糖……甜味
可溶性果胶……浓稠度

6. 微生物……甘滑 + 醇厚

黑曲霉……促进甘滑、醇厚
青霉……促进陈香、醇厚
根霉……促进甜香
酵母菌……促进甘、醇、厚

7. 茶皂苷……味苦而辛辣

茶叶
滋味密码

根霉
（有利于甜香品质的形成）

酵母菌
（与甘、醇、厚等品质特点的形成有关）

黑曲霉
（为形成甘滑、醇厚的特色品质奠定物质基础）

可溶性果胶
浓稠度

茶皂苷
味苦 + 辛辣

微生物
甘滑 + 醇厚

青霉
（为陈香、醇厚品质的形成具有一定的贡献）

双糖
甜 味

糖类
甜味 + 甘滑

简单儿茶素
味醇 + 爽口 + 不苦涩

酯型儿茶素
苦涩味 + 刺激性 + 收敛性

糖
+ 甘滑

氨基酸（茶氨酸）
鲜 爽

茶多酚
苦味 + 涩味

单糖与氨基酸
焦糖香、板栗香大麦香或麦芽香等

生物碱（咖啡碱）
苦 味

茶多酚氧化物
刺激性 + 收敛性

酚氨比
醇 度

花青素
苦 味

咖啡碱与茶黄素
强度 + 鲜爽度

茶黄素
辛辣味 + 收敛性
（影响茶汤浓度、强度和鲜爽度）

茶红素
甜醇 + 收敛性
（影响茶汤浓度、强度，是茶汤“红度”的主要成分）

茶褐素
平淡 + 微甜
（是茶汤褐色的主要成分）

咖啡碱与茶红素
浓度 + 强度

1. 茶多酚及其氧化物的功能

（1）抗癌、抗辐射、抗衰老
（2）降血脂、降血压、降血糖
（3）舒缓肠胃紧张、防炎止泻和利尿作用
促进 VC 吸收，防治坏血病，改进人体对铁的吸收，有效防止贫血
（4）防龋固齿和清除口臭的作用
（5）助消化作用

2. 茶叶中咖啡碱的功能

兴奋、助消化、利尿等

3. 茶叶中的茶氨酸功能

（1）镇静作用
（2）提高学习能力和记忆力
（3）降低血压的作用
（4）戒烟瘾和清除烟雾中重金属的作用

4. 茶叶多糖的功能

降血糖、降血脂、抗辐射等

5. 茶皂苷的功能

（1）抗菌、抗病毒
（2）抗炎症、抗过敏
（3）抑制酒精吸收
（4）减肥
（5）洗发护发

茶叶
功能密码

茶多酚：抗癌、抗辐射、抗衰老、降血脂、降血糖、降血压、改进人体对铁的吸收 有效防止贫血、防炎止泻、促进VC吸收 防治坏血病、舒缓肠胃紧张、防龋固齿、助消化、清除口臭、利尿

咖啡碱：助消化、利尿、兴奋

茶皂甘：抗菌、减肥、抗病毒、抗炎症、抗过敏、洗发护发、抑制酒精吸收

茶氨酸：降血压、镇静作用、提高学习能力和记忆力

多糖：抗辐射

六大茶

艺密码

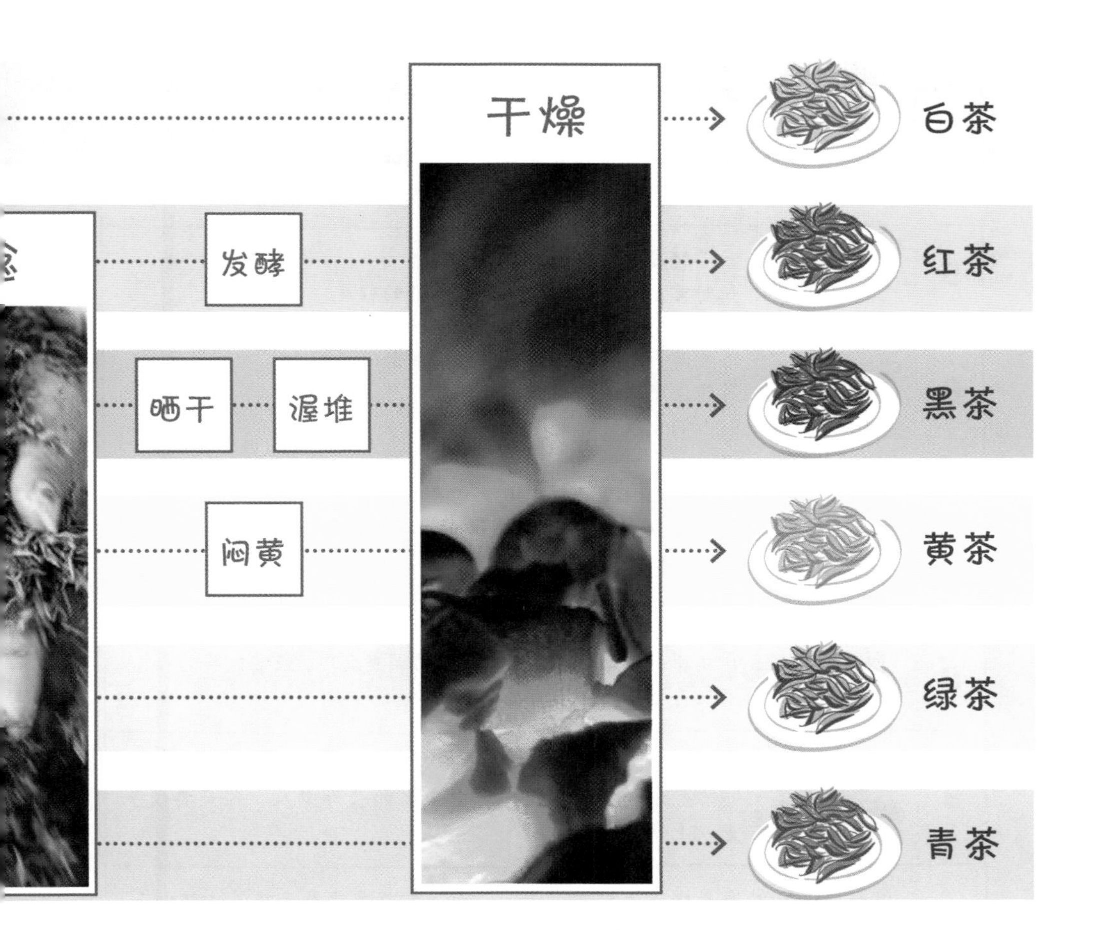

1	提神 益思	茶叶中的茶碱、咖啡碱可使神经兴奋，增进新陈代谢作用 茶汤中的茶氨酸能提高人的学习能力，增强记忆力 茶叶中的芳香物质可醒脑提神，消除疲劳
2	利尿 通便	主要是茶中生物碱的作用 茶是使人体内各器官和细胞保持清洁的最佳清洗剂
3	固齿 防龋	茶多酚类化合物可杀死齿缝中能引起龋齿的病原菌 不仅对牙齿有保护作用，而且可去除口臭
4	消炎 灭菌	对流感病毒、肠胃炎病等有抗病毒作用 用茶水擦身或浴足，5~7 周后体癣、足癣的症状可消除
5	解酒 醒酒	对于轻度酒醉者而言，茶能醒酒 但对重度酒醉的人则会加重酒醉的程度
6	减肥降脂 养颜美容	茶能降血脂，有效地燃烧体内多余的脂肪 茶能涤净人体内的新陈代谢物 使人的皮肤更加光泽有弹性
7	保肝 明目	浙江中医院调查了 240 例老年性白内障患者，结果表明有饮茶习惯的老人，白内障的发病率仅为不常饮茶患者的 50%。医学家曾对 57 名慢性肝炎患者做过观察，他们用实验证明了经常饮茶，对慢性肝炎有明显疗效
8	防辐射 抗癌变	广岛原子弹爆炸后，对幸存者的调查发现，经常饮茶的人，不仅存活率高，而且体质良好
9	抗衰老 延年益寿	我国曾对 100 位百岁以上长寿老人进行调查，结果发现 95% 是爱喝茶的老人，其中 70% 的长寿老人，每天要饮 5 克以上的茶
10	调整血压 平衡血糖	每天喝茶十杯以上者，高血压发病率比每天喝茶 4 杯以下者低约 1/3；经常饮茶可平衡血糖，预防糖尿病的发生

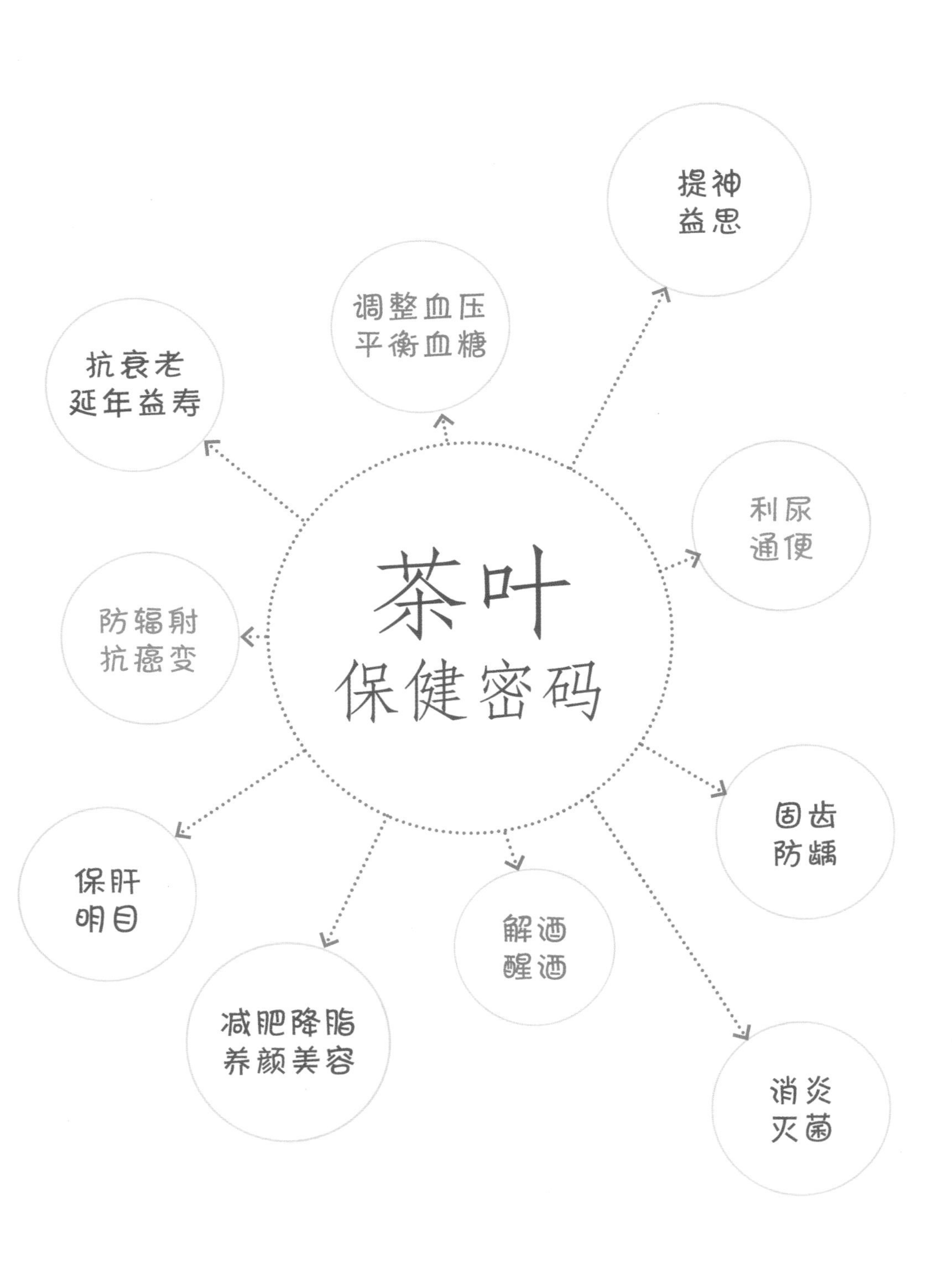
茶叶
保健密码
提神
益思
调整血压
平衡血糖
抗衰老
延年益寿
利尿
通便
防辐射
抗癌变
固齿
防龋
保肝
明目
解酒
醒酒
减肥降脂
养颜美容
消炎
灭菌

科学

1

器具

1. 遵从“四看”原则
2. 玻璃杯晶莹通透，能表现茶叶外形特征；
   瓷质盖碗质地细腻，能聚香保香；
   紫砂壶透气不漏水，能将茶叶的本味、真味泡出来

2

醒茶

1. 醒茶，俗称洗茶，也有人叫润茶。就是将第一泡的茶汤倒掉，或用作烫盏，而不喝
2. 目的有三：洗去浮尘、提高器皿温度、温润茶叶

3

投茶量

4

注水量

合称：茶水比例

5

水温
（因茶而异）

水温过低：
茶汤的滋味淡薄

水温过高：
易造成茶汤的汤色和叶底暗黄，而且香气低

密码

10

凉汤

凉汤指等凉到一定温度再喝

8

闻三香

摇香
挂杯香
叶底香

9

注水方式

定点高冲 7 点半
定点高冲 9 点
定点低冲
回旋低冲

7

冲泡次数

头泡茶汤泡出 50%
（可溶物质总量）
二泡茶汤泡出 30%
三泡茶汤泡出 10%
四泡仅为 1%~3%

冲泡次数过多，则茶汤色淡味薄、无营养成分

6

出汤时间

过短：
茶汤色淡、味薄、香低

过长：
茶汤色重、味苦，
有闷浊味而不鲜爽

目 录

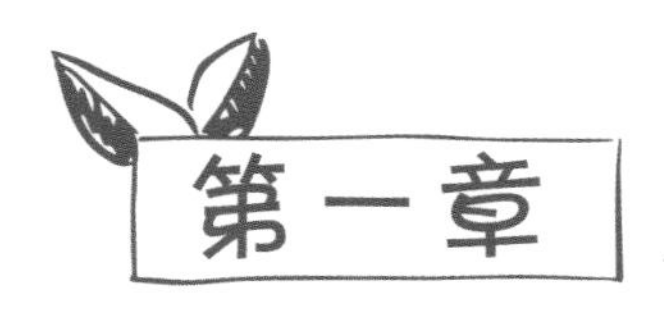

古人对茶健康的认识

古代人们采下来的茶，是直接放在嘴里咀嚼，用来治病的，再往后，发展到用茶叶来做汤喝，最后随着不断的演变，茶慢慢成为一种饮料。

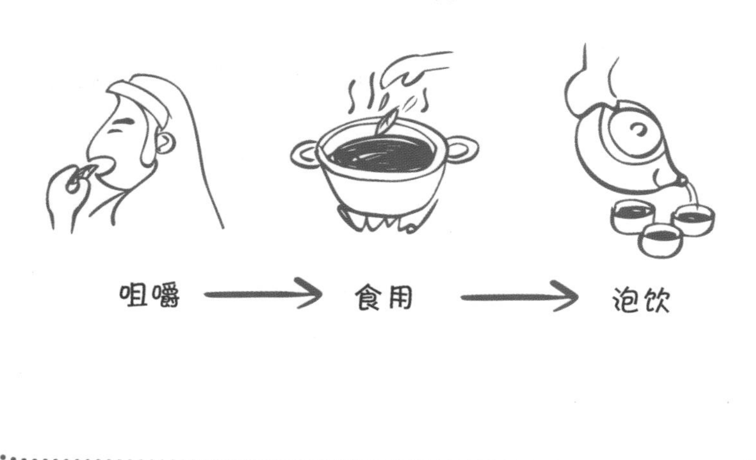

一、茶健康的文献

茶叶的保健功能，古代文献中有着丰富的记载。我国第一部药学专著《神农本草经》中就记载了这样一个故事："神农尝百草，日遇七十二毒，得茶而解之。"神农氏是我们的祖先炎帝，相传神农氏是一个有特异功能的人。很多植物能不能食用，都是由神农氏先尝一尝，试一试，然后再告诉族人们哪些能吃，哪些不能吃。有一次他尝了一百种植物，中了七十二种毒素，躺在山脚下不能动弹。无意识中摘下一片植物的叶子，放在嘴里咀嚼。发觉这片叶子吃下去后，就像士兵拿着利器，在身体里上下游曳，杀死了七十二种毒素，毒性得茶而解之。这种植物当时被称作"荼"，也就是我们现在的茶。这个故事告诉我们：**茶叶有排毒解毒的功效。**

民间有一个偏方，当一个人，不知道中了什么毒，除了想办法尽快送去医治之外，还会给他灌很浓很浓的茶汤，帮他解毒。

《神农本草经》是我国对早期临床用药经验的第一次系统总结，被誉为中药学经典著作。书中记载："茶为饮，有易思、少堕、轻身、明目"的功效。

东汉末年，南阳有一个非常有名的医圣叫张仲景，他写了**《伤寒论》**，对茶有如下的评论："茶治脓血甚效。"意思为喝茶对于闹肚子、拉脓、拉血等有明显的疗效。

三国时的名医华佗，在**《食论》**中说："苦茶久食，益思。"意指常喝茶能够振奋精神，提高思考能力。

唐代大医学家陈藏器，在**《本草拾遗》**书中说："诸药为各病之药，而茶为万病之药。"意思是各种草药都只能治一种病，而茶对于各种病都有好处。这个评价，算是古人对于茶保健功能的最高评价了。世界上还没有哪一种药物敢说是万病之药的。在这一点上，也有人提出质疑，但是经常饮茶，对于抗衰老，增强人体免疫力，却是毋庸置疑的。

唐代陆羽所著**《茶经》**上说：“茶之为用，味致寒。为饮，最宜精行俭德之人。若热渴、凝闷、脑疼、目涩、四肢烦、百节不舒，聊四五啜，与醍醐、甘露抗衡也。”

明代李时珍的**《本草纲目》**上记载：“味苦、甘、微寒、无毒，主治瘘疮，利小便，去痰热，止渴令人少眠，有力悦志，下气消食。”

这些医书文献的记载，并不是在现代化的实验室中，从小白鼠身上得出的结论。都是千百年来，人们大量实践经验的总结。可以说，这些字字句句都是从无数次的人体实验中得来。每一句都印证了：**饮茶有益于身体健康。**

二、中医对茶健康的理解

中医的药性理论，把各种药的性质都做了归类，主要分为:四气（寒、热、温、凉），五味（辛、甘、酸、苦、咸），升降沉浮，归经，有毒无毒，配伍等。

中医认为茶是一种药，李时珍的《本草纲目》中对茶这样描述:“苦、甘、微寒、无毒。”中医理论认为:甘味多补，而苦味多泻。茶既有苦味，也有甘味，好茶大都先苦后甜。苦味能清热、解毒、消暑、消食、去腻、利水、通便、祛痰、祛风等；甜味则能生津、止渴、益气、益寿等。

茶从四气上分析，性微寒，具有清热、解毒、泻火、凉血、消暑、疗疮的功效。从升降沉浮方面来说，茶既能生浮（如祛风解表、清利头目），也能沉降（如下气、利水、通便）。从归经上说，茶叶对于人体有多方面的活性，很难用一两个经络来概括。明代李中梓《雷公泡制药性解》中称它“入心肝脾肺肾五经”。茶归经遍及五脏，可见治疗范围十分广泛。茶是无毒的、安全的，适合长服、久服。

中医理论对茶的理解

四气	**寒** 热 温 凉 性微寒，具有清热、解毒、泻火、凉血、消暑、疗疮的功效
五味	辛 **甘** 酸 **苦** 咸 茶既有苦味，也有甘味，好茶先苦后甜。 苦能清热、解毒、消暑、消食、去腻、利水、通便、祛痰、祛风等；甜能生津、止渴、益气等
升降沉浮	**升降** **沉浮** 茶既能生浮（如祛风解表、清利头目） 也能沉降（如下气、利水、通便）
归经	**肝** **心** **脾** **肺** **肾** 茶归经遍及五脏，可见治疗范围十分广泛
有毒无毒	有毒 **无毒** 茶是无毒安全的，适合长服、久服
配伍	依症而配

茶叶品种、生长环境等因素的不同，都会造成茶叶的药性差别。尤其是茶叶加工工艺，对茶叶药性影响相对较大。

比如六大茶类的药性就有很多的不同，每一茶类也都适合不同的人群。

茶类	属性	适宜人群
绿茶	凉性	三高人群，过腻、过食者 脑力劳动者和从事有辐射工作的人群
白茶	凉性	高温工作者，体胖者，胃热者
黄茶	凉性	减肥人士，高血压、高血脂症患者
乌龙茶	中性	胃寒、胃胀、失眠者，高血压、 高血脂症患者
红茶	温性	一般人均可，尤其适合肠胃寒凉者
黑茶	温性	肥胖、高血脂、高血压、高血糖 高胆固醇症患者、脾胃虚寒者

祁门红茶

三、关于茶寿

在我们的传统文化中，会用不同的词语表示人的年龄，比如说：而立之年是30岁，不惑之年是40岁，知天命是50岁，耳顺是60岁，古稀之年是70岁，耄是80岁，耋是90岁，期颐是100岁。另外，还有一些词语是形容人的长寿，比如说：

“喜寿”是77岁，因为喜字的草书跟七十七一样。

“米寿”是88岁，米字拆分开，上面一个倒写的八字，中间是十字，下面是个八字，合在一起为八十八。

“白寿”是99岁，那九十九怎么讲呢？白字再怎么拆，也拆不出九十九来呀。人们都希望长命百岁，百岁的百字去掉上面的一横就是白字了。所以99岁就叫白寿，中国文字对年龄的描述，是很有意思的。

“茶寿”的年龄最大，是108岁。茶字的最上面是个草字头，代表是二十，中间人字是八，下面木字拆为十、八，合在一起是八十八，加在一起共一百零八。所以茶寿为108岁，表示长寿。

1983年，哲学大师冯友兰与好友逻辑学大师金岳霖同贺八十八岁大寿时，写了一副“何止于米，相期以茶；论高白马，道超青牛”的对联送给金岳霖，一方面推崇金老的哲学底蕴，另一方面则表达了二十年后108岁时，期待与金老再相聚的愿望。

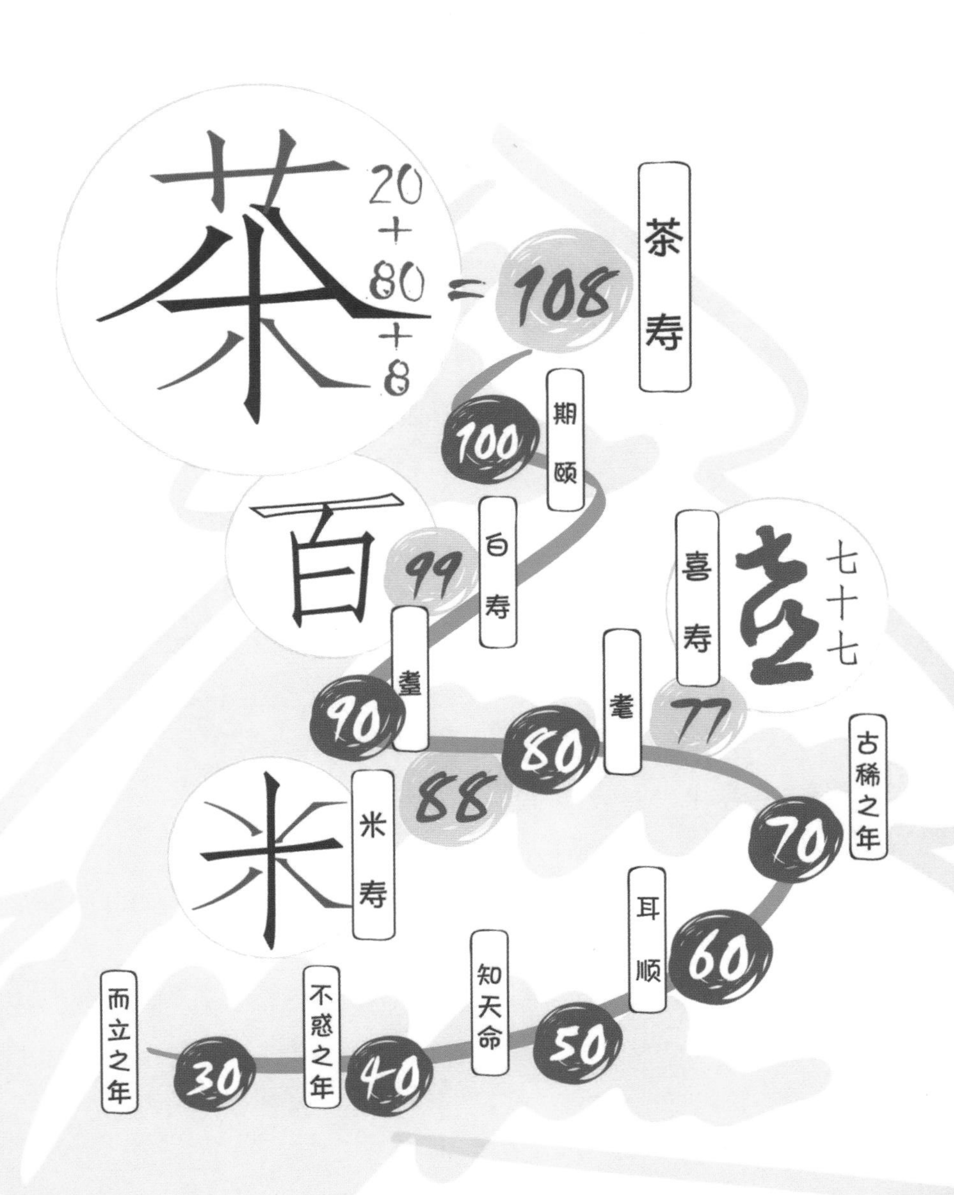

茶
20
+
80
+
8
=108
茶寿
100
期颐
百
99
白寿
90
耋
米
88
米寿
80
耄
77
喜寿
七十七
70
古稀之年
60
耳顺
50
知天命
40
不惑之年
30
而立之年

决定茶叶品质的七大物质

到目前为止，茶叶中分离、鉴定的已知化合物有1000余种。这1000余种化合物，哪些物质决定着茶叶的色香味？哪些物质主导着茶叶品质？本章内容主要介绍从1000余种化合物中提炼出的七大类物质，这七大类物质也是主导茶叶品质的关键物质。了解了这七大类物质的性质特点，也就明白了茶叶品质形成的原因。

*** 本章部分内容摘选自宛晓春教授主编的《茶叶生物化学》（第三版）**

一、茶叶化学的研究

茶叶中化学成分的发现：

1. 1827 年，英国化学家 Oudry K 发现了茶叶中含有嘌呤类化合物，当时称之为**茶素，即咖啡碱**。从此，开始了茶叶化学的研究。

2. 1847 年，德国化学家 Rochelder F 和 Hlasiwetz H 发现茶叶中**带有没食子的单宁**。

3. 1929 年，日本铃木梅太郎分离出**表儿茶素（EC）**。

4. 1933 年，日本大岛康义分离出**表没食子儿茶素（EGC）**。

5. 1934 年，日本辻村发现**表儿茶素没食子酸酯（ECG）**。

6. 1947 年，英国 Bradfield A 发现**表没食子儿茶素没食子酸酯（EGCG）**。

7. 1957 年，英国 Robers 开始了红茶发酵过程中**儿茶素的变化途径及其产物**的研究，这应该是茶叶生物化学的开始。

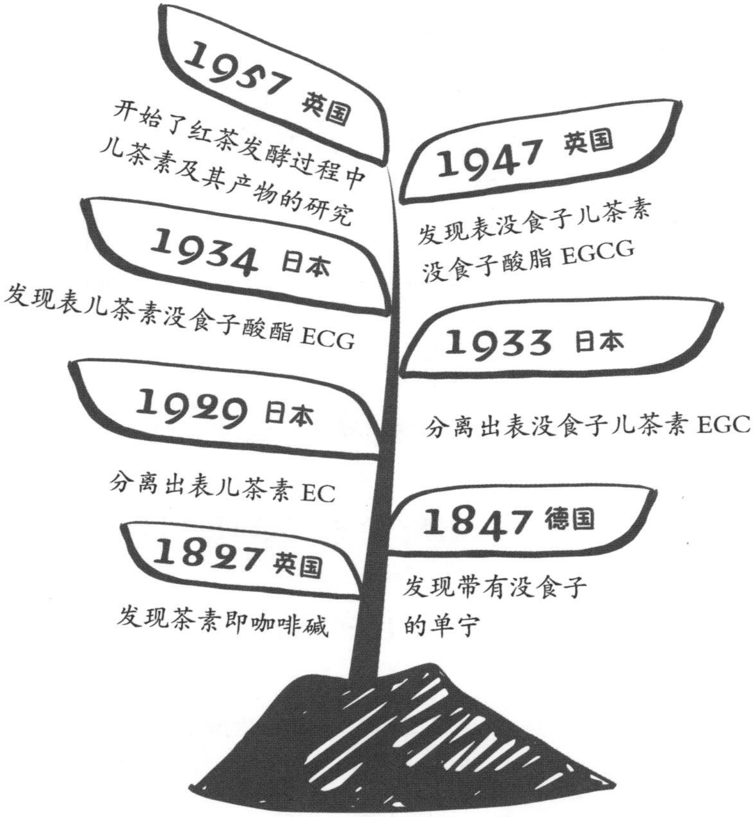

1957 英国

开始了红茶发酵过程中
儿茶素及其产物的研究

1947 英国

发现表没食子儿茶素
没食子酸脂 EGCG

1934 日本

发现表儿茶素没食子酸酯 ECG

1933 日本

分离出表没食子儿茶素 EGC

1929 日本

分离出表儿茶素 EC

1847 德国

发现带有没食子
的单宁

1827 英国

发现茶素即咖啡碱

二、茶叶生物化学的研究

1.茶叶生物化学产生的背景

如果单纯从茶叶的鲜叶或成品茶中，简单地检测分析茶叶中的成分，很难了解各物质之间的转化关系，更不能全面了解茶叶的生命体征变化规律。所以，必须从全面的酶系统调控机制来探索茶叶特征成分的生物合成奥秘，才能进入生物化学遗传变异、信息传递、能量代谢、气体交换、同化异化等整个生命活动的范畴。这便产生了茶叶生物化学的概念。

2. 我国是最早开始茶叶生物化学研究的国家

茶叶生物化学形成一门独立的学科是从 20 世纪 60 年代在中国开始的。1961 年 9 月，由安徽农学院王泽农教授主编了第一部《茶叶生物化学》。到了 20 世纪 80 年代，茶叶生物化学在我国得到全面发展。

3. 什么是茶叶生物化学

茶叶生物化学是茶学专业一门重要的专业基础课，是植物化学、生物化学、食品化学渗透到制茶学、茶树栽培育种学、茶叶审评与检验、茶叶深加工及综合利用等领域后，形成的一门交叉学科，是提供茶叶生产、加工、利用、贸易等有关化学及生物化学的理论依据。

◀ 1961 年第一部《茶叶生物化学》

4. 研究的内容与意义

（1）茶树生长过程中，各种化合物生成转化关系及规律。

（2）研究各种化合物的代谢变化、积累情况，为茶树高产优质提供理论指导。

（3）研究各种化合物在加工、贮藏中的变化规律，及其对茶叶品质的影响，为加工工艺的制订、饮茶方式及机械设计提供理论基础和参考。

（4）研究茶叶中一些重要生物活性物质的药理、保健作用。

三、茶叶的主要化学成分

在茶的鲜叶中，水分和干物质是两大成分。其中水分约占 75%，干物质约占 25%。从数据上可以看出：理论上，500 克干茶要 2000 克鲜叶。为什么说是理论上呢，因为，成品茶也会有一定的含水量。一般黑茶不超过 13%，而像绿茶、白茶、黄茶、乌龙茶、红茶的含水量一般不超过 7%。

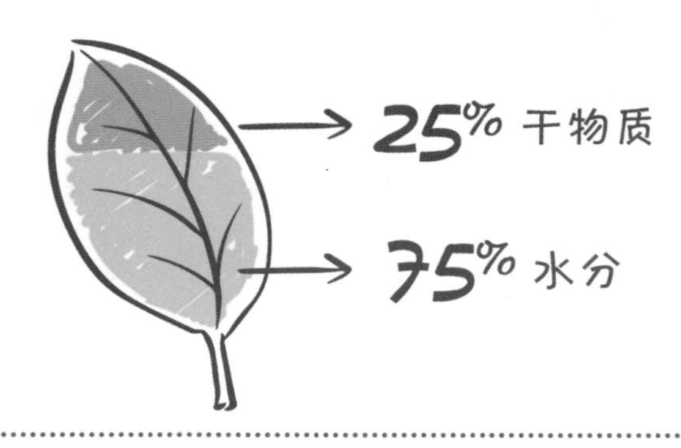

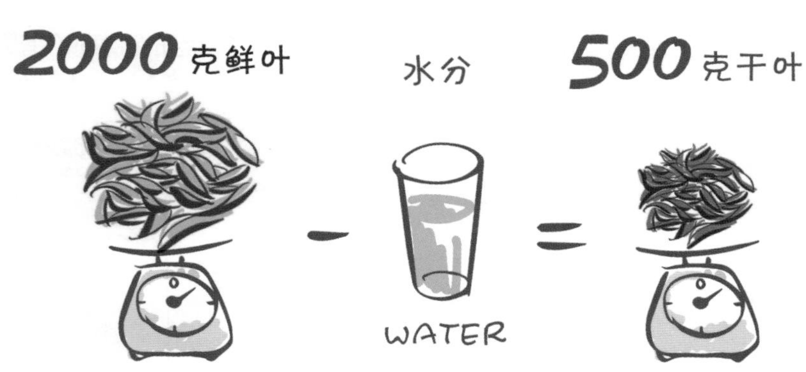

茶叶的化学成分是由有机物和无机物组成。

构成茶叶中有机化合物和无机化合物的基本元素有 30 多种，主要为碳、氢、氧、磷、钾、硫、钙、镁、铁、铜、铝、锰、硼、锌、钼、铅、氯、硅、钠、钴等。

那什么是茶叶的无机化合物呢？茶叶中的无机化合物也叫做灰分。茶叶灰分是指茶叶经过 550℃灼烧灰化后，产生的残留物。其中主要是矿物质元素及其氧化物。灰分中，含量多的叫大量元素，主要有氮、磷、钾、钙、钠、镁、硫等；含量少的，叫做微量元素。

茶叶中的化合物包含初级代谢产物和二级代谢产物，初级代谢产物有蛋白质、糖类和脂肪，二级代谢产物是在初级代谢产物基础上形成的化合物，主要包括多酚类、色素、茶氨酸、生物碱、芳香类物质、皂苷等。

在茶叶鲜叶中，发现的主要化合物有：

1. 水分 （75%~78%）

2. 干物质（22%~25%）

（1）有机化合物

蛋白质（20%~30%）：主要是谷蛋白、球蛋白、精蛋白等。

氨基酸（1%~4%）：已发现 26 种，主要是茶氨酸、天门冬氨酸、谷氨酸等。

生物碱（3%~5%）：主要是咖啡碱、茶碱、可可碱。

茶多酚（18%~36%）：主要是儿茶素，占总量的 70% 以上。

糖类（20%~25%）：主要是纤维素、半纤维素、果胶、茶皂素、脂多糖、葡萄糖、麦芽糖等。

有机酸（3% 左右）：主要是苹果酸、柠檬酸、草酸、脂肪酸、没食子酸等。

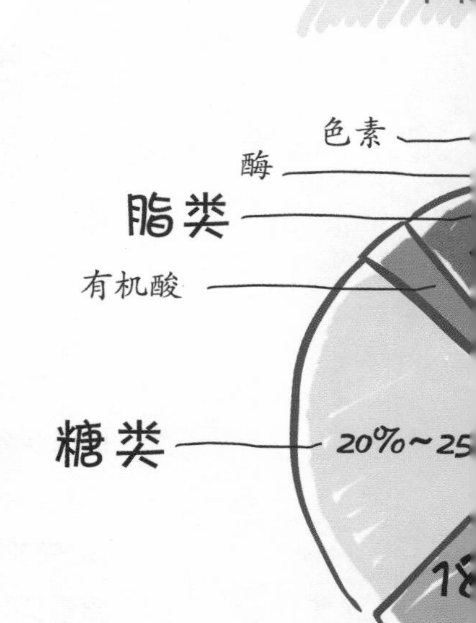

脂类（8% 左右）：主要是脂肪、磷脂、甘油脂、硫脂和糖脂等。

酶：主要是水解酶、磷酸化酶、裂解酶、氧化还原酶、同工酶等。

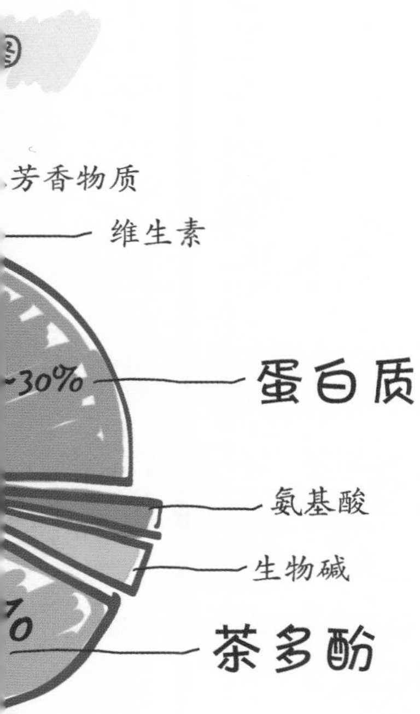

色素（1% 左右）：主要是叶绿素、叶黄素、胡萝卜素、黄酮类、花青素、茶多酚的氧化产物。

芳香物质（0.005%~0.03%）：以含醇类及部分醛类、酸类化合物为主，约 50 种。

维生素（0.6%~1.0%）：主要有维生素 C、A、E、D、B_1、B_2、B_3、B_5、B_{11}、K、H。

（2）无机化合物

水溶性部分（2%~4%），水不溶性部分（1.5%~3%）。主要成分是：钾、磷、钙、镁、铁等。

蛋白质、糖类和脂肪，是茶树的初级代谢产物，也是构成生命体的三大组成物质，可以说任何生命体都离不开蛋白质、糖类和脂肪。而茶树中的二级代谢产物，是在初级代谢产物基础上转化形成的新物质。

四、主导茶叶品质的化合物

1. 茶多酚（茶鞣质、茶单宁）

（1）茶多酚的性质特点

茶多酚是茶叶中发现的主要化合物，是多酚类化合物的总称，也叫茶鞣质、茶单宁。茶多酚占茶叶干物质总量的 18%~36%，有些云南大叶种会占到 40% 以上。茶多酚是茶叶可溶性物质中最多的一项，到目前为止，还没有发现世界上哪一种植物的茶多酚含量有这么高。可以说，茶叶里茶多酚的含量排名生物界第一。它对茶叶色、香、味的形成影响很大，对人体生理也有重要的健康意义。

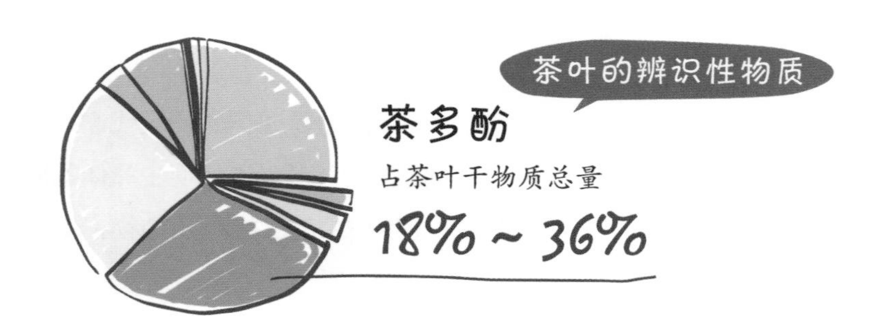

（2）茶多酚的影响力

茶多酚的化学性质一般比较活跃，在不同的加工条件下，易发生多种形式的转化。它的转化，又会引起另一些物质的转化，其转化产物又是多种多样的。因此，各种茶叶的品质主要取决于多酚类化合物的组成、含量和比例。

茶多酚对制茶品质影响很大。在不同的制茶过程中，转化的形式、深度、广度和转化产物也不同，因此可获得不同品质特征的茶类。我国的六大茶类，就是根据茶多酚在加工过程中氧化程度的不同来分类的。绿茶称作不氧化的茶；白茶称作轻微氧化的茶；黄茶称作微氧化的茶；乌龙茶称作部分氧化的茶；红茶称作全氧化的茶；黑茶称作后氧化的茶。

中国六大茶类的形成

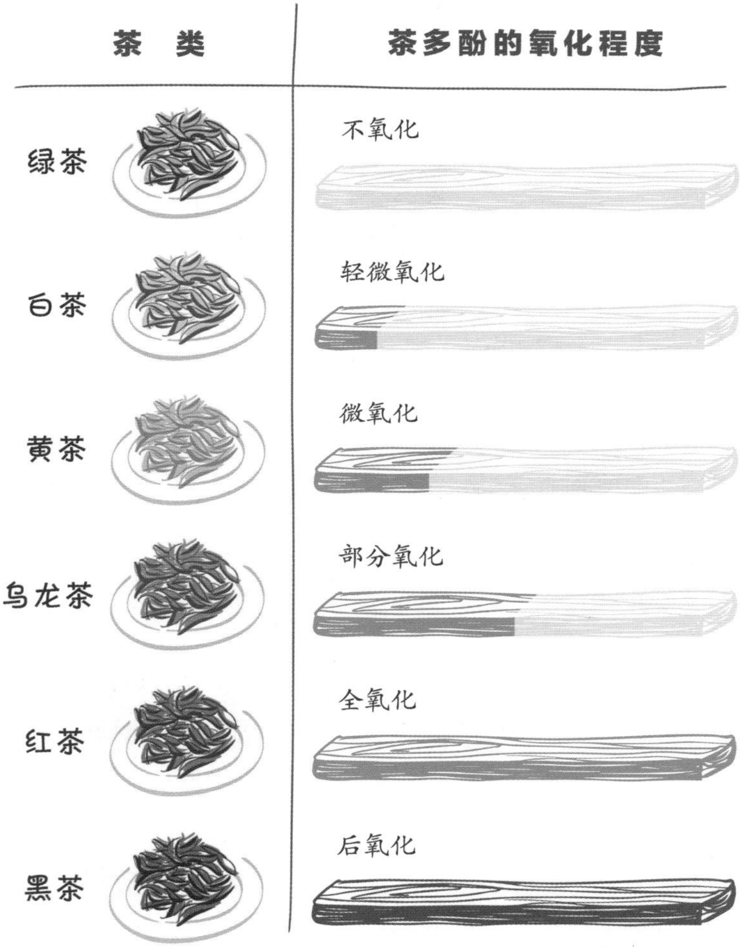

茶类	茶多酚的氧化程度
绿茶	不氧化
白茶	轻微氧化
黄茶	微氧化
乌龙茶	部分氧化
红茶	全氧化
黑茶	后氧化

（3）茶多酚的种类

按照茶多酚的化学结构可将其大致分为四大类，分别是：儿茶素类（黄烷醇）、黄酮类（花黄素类）、酚酸和缩酚酸类、花青素类。

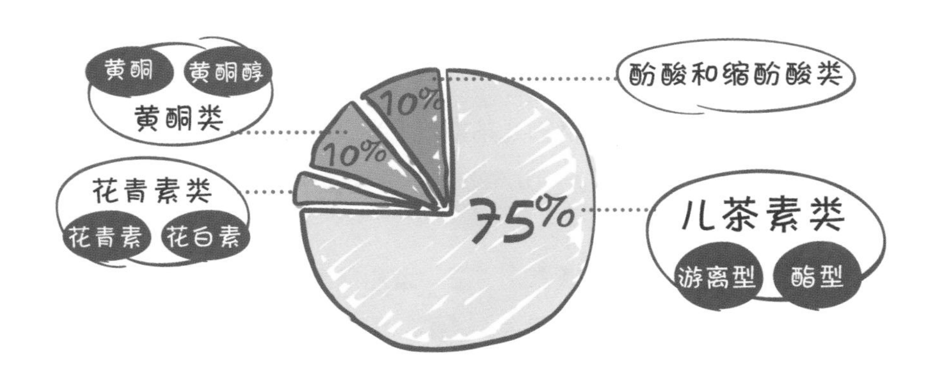

儿茶素类，占茶多酚总量的 75%，分为游离型、酯型。

黄酮类（花黄素类），占茶多酚总量的 10% 以上，分为黄酮和黄酮醇。

酚酸和缩酚酸类，占茶多酚总量的 10%，为易溶于水的芳香类化合物。

花青素类，含量较少，分为花青素和花白素。

儿茶素类

儿茶素类：也叫黄烷醇，是形成不同茶类的物质基础，茶叶的色、香、味都与儿茶素含量的多少有关系。

儿茶素分为酯型儿茶素和游离型儿茶素两大类。复杂的酯型儿茶素具有强烈收敛性，苦涩味较重；而简单的游离型儿茶素收敛性较弱，味醇或不苦涩。

酯型儿茶素，也叫复杂型儿茶素。“酯”型儿茶素不是“脂”型儿茶素，是带有酯基的酚类化合物，而不是脂肪的脂。“酯”型儿茶素是溶于水的，而脂肪型物质不溶于水。

酯型儿茶素有两种，一种表儿茶素没食子酸酯 (ECG)，占茶多酚总量的 20%；另一种表没食子儿茶素没食子酸酯 (EGCG)，占茶多酚总量的 50% 左右。

游离型儿茶素，也叫简单型儿茶素，或非酯型儿茶素。游离型儿茶素也有两种，一种是表儿茶素 (EC)，占茶多酚总量的 10% 以下；另一种表没食子儿茶素 (EGC)，占茶多酚总量的 20% 左右。

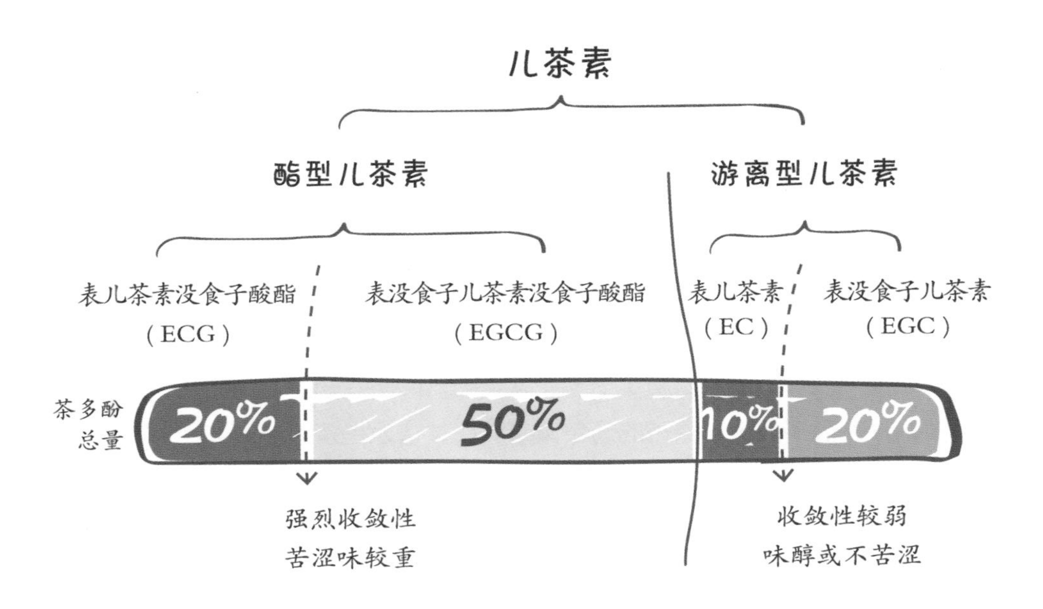
儿茶素
酯型儿茶素
游离型儿茶素
表儿茶素没食子酸酯
（ECG）
表没食子儿茶素没食子酸酯
（EGCG）
表儿茶素
（EC）
表没食子儿茶素
（EGC）
茶多酚
总量
20%
50%
10%
20%
强烈收敛性
苦涩味较重
收敛性较弱
味醇或不苦涩

黄酮类

黄酮类：又叫花黄素类，是儿茶素的氧化体，呈黄色。花黄素类物质容易发生自动氧化，是多酚类化合物自动氧化部分的主要物质。

花黄素易溶于水，与茶汤中黄色有关。

花黄素与绿茶的黄绿茶汤正相关。绿茶汤色的主导物质是花黄素，有很多人看到绿茶的汤色黄绿明亮，认为是茶黄素的原因。其实绿茶的黄色，主要是花黄素的颜色，而不是茶黄素。

茶黄素与红茶的橙黄茶汤成正相关。红茶的汤色要求红艳明亮，但红茶泡得不是很浓时，是红橙明亮，在杯壁有明显的黄金圈。红茶茶汤中表现出来的黄色或橙色，主要是红茶发酵过程中，茶多酚氧化产生的茶黄素，而不是花黄素类物质。

我们在泡茶时，会感觉到两种香气。一种是嗅觉能闻到的，

酚酸和缩酚酸类

酚酸和缩酚酸是芳香族化合物，是主导茶叶香气的物质，这类化合物易溶于水。

酚酸是一类具有羧基和羟基的酚类化合物。缩酚酸是由酚酸上的羧基与另一分子酚酸上的羟基相互作用缩合而成。茶叶中的酚酸类多为白色晶体，易溶于水和含水乙醇。

从茶叶中挥发出来的香气；另一种是在品茶时，通过口腔感觉到的香气，这种香叫做“香入水”。

酚酸和缩酚酸类，就是“香入水”的主要化合物之一。它的含量多少，对茶叶品质影响很大，与茶叶品质正相关。

花青素

花青素又称花色素，是一类性质较稳定的色原烯衍生物，植物中的花青素由于碳 3 位置带有羟基，常与葡萄糖、半乳糖、鼠李糖等缩合成苷类物质。

一般茶叶中的花青素占干物质的 0.01% 左右，而在紫芽茶中可达 0.5%~1.0%。也就是说，紫芽茶的花青素含量是普通茶叶的 50~100 倍。

花白素，又称隐形花青素。为什么叫隐形花青素呢？花白素本身是无色的，但在湿热等条件下会转化为花青素，在不同的酸碱环境下，表现出不同的颜色，这就是花白素又叫隐形花青素的原因。

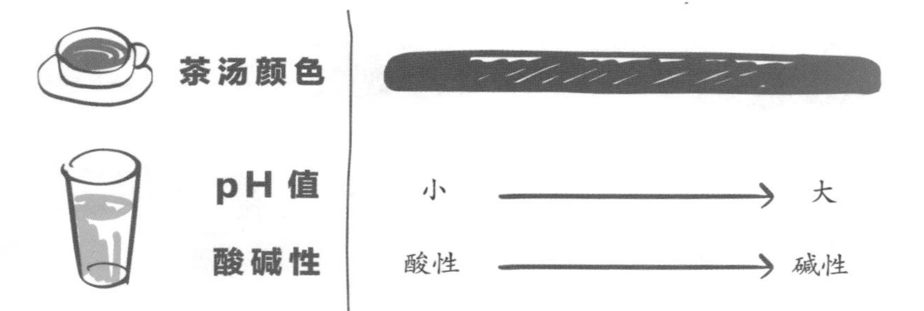

花青素在不同的 pH 值中，会表现出不同的颜色。比如紫娟茶或紫芽茶，用偏酸的水泡，茶汤颜色偏红，pH 值越小，茶汤越红；用偏碱的水泡茶，茶汤颜色偏紫 ，pH 值越大，茶汤颜色越紫，甚至接近蓝色。所以，有时我们泡紫娟茶时，可以看出泡茶用水的酸碱性。

花青素有明显的辛辣和苦涩的味道，所以含量虽少，但对茶的品质影响仍很大，通常对茶叶品质不利。比如：制作绿茶，花青素含量高，会使绿茶茶汤滋味苦涩，色泽乌暗，叶底呈靛蓝色。特别是紫芽种和夏茶的鲜叶，花青素含量增高，所以制出的绿茶，滋味苦味较重，品质不好。但制作普洱茶时，反而有一种淡淡西洋参的味道，虽略有苦涩，但风味独特。

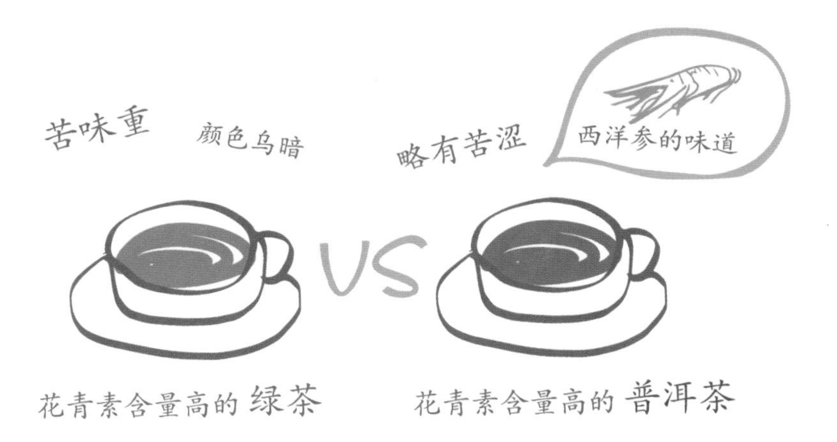

▲紫娟茶的外包装

▲紫娟茶茶芽

▲紫娟茶汤色

▲紫娟茶叶底

如果用同一种茶叶制作出六大茶类，那么茶多酚的含量哪个多？

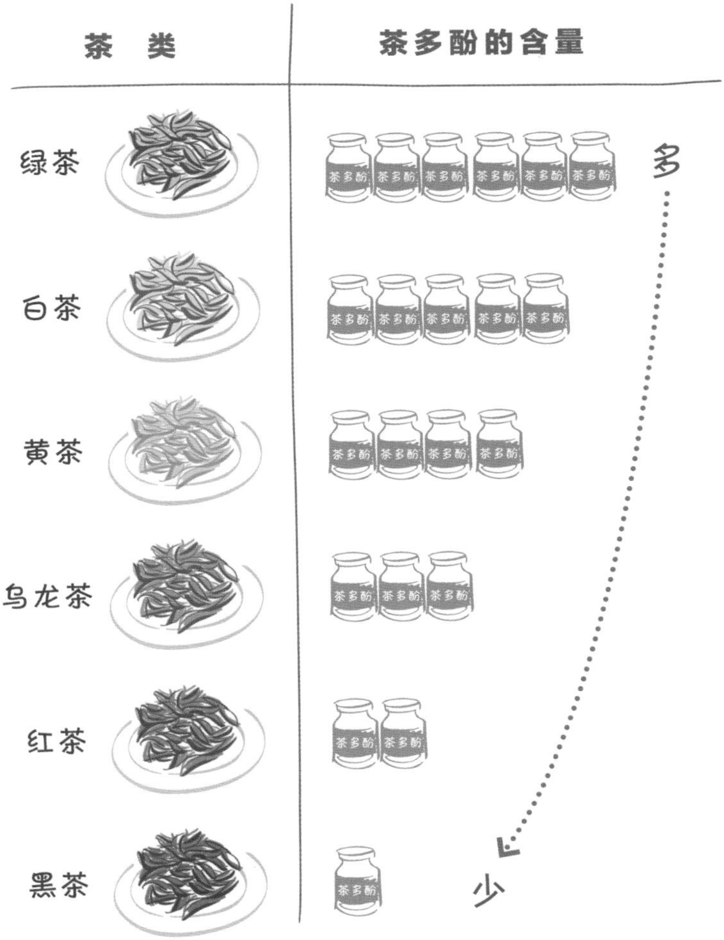

茶类	茶多酚的含量
绿茶	茶多酚 茶多酚 茶多酚 茶多酚 茶多酚 茶多酚
白茶	茶多酚 茶多酚 茶多酚 茶多酚 茶多酚
黄茶	茶多酚 茶多酚 茶多酚 茶多酚
乌龙茶	茶多酚 茶多酚 茶多酚
红茶	茶多酚 茶多酚
黑茶	茶多酚

多 → 少

2. 茶叶中的色素

色素是一类存在于茶树鲜叶和成品茶中的有色物质，是构成茶叶外形、汤色、叶底色泽的成分，其含量及变化对茶叶品质起着至关重要的作用。

在茶叶色素中，有的是鲜叶中已经存在的，称为茶叶中的天然色素；有的则是在加工过程中，一些物质经氧化缩合而成。

（1）茶叶中的天然色素

茶叶中的天然色素分为脂溶性色素和水溶性色素。脂溶性色素不溶于水，主要表现为干茶的颜色和叶底的颜色；水溶性色素易溶于水，是构成茶汤颜色的成分之一。

色素名称	亲水性	显色位置	分类
脂溶性色素	不溶于水	干茶和叶底	叶绿素、叶黄素、胡萝卜素
水溶性色素	易溶于水	茶汤	花黄素类、花青素类和儿茶素的氧化物

脂溶性色素

<1> 性质：不溶于水，可溶于部分有机溶剂中。

<2> 影响力：脂溶性色素是形成干茶色泽和叶底色泽的主要成分。绿茶、红茶、黄茶、白茶、乌龙茶、黑茶六大茶类的色泽均与茶叶中色素的含量、组成、转化密切相关。

<3> 种类：主要有叶绿素、叶黄素、胡萝卜素等。

绿茶为什么绿？

叶绿素 a 是深绿色，叶绿素 b 呈黄绿色。对于绿茶而言，干茶色泽和叶底的色泽，主要取决于叶绿素的总含量与叶绿素 a 和叶绿素 b 的组成比例。幼嫩芽叶中叶绿素 b 含量较高，所以干茶和叶底的色泽多呈嫩黄或嫩绿色。

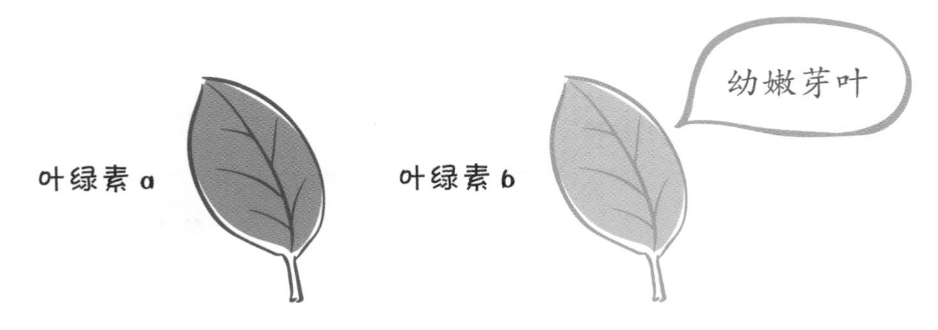

红茶为什么红？

在红茶加工的发酵过程中，叶绿素被大量破坏，产生黑褐色物质。另外，茶叶中的蛋白质、果胶、糖等物质结合，使红茶干茶呈褐红色或乌黑色，所以红茶叶底呈红色。红茶茶汤中部分茶多酚被氧化成茶黄素、茶红素。茶黄素呈橙黄色，茶红素呈红色，所以红茶的茶汤为橙红或红色。

黄茶为什么黄？

茶叶鲜叶经过杀青、揉捻、闷黄、干燥等工艺。黄茶的颜色主要由橙红色的胡萝卜素和黄色的叶黄素的颜色决定。黄茶的叶底颜色，也主要由胡萝卜素和叶黄素的含量比例决定。

水溶性色素

<1> 性质：能溶解于水的呈色物质。

<2> 影响力：决定着茶汤的色泽。

<3> 种类：主要有花黄素类、花青素类和儿茶素的氧化物。

花黄素也称作黄酮类物质，主要包括黄酮和黄酮醇两类化合物，是茶多酚的重要组成成分。花黄素是茶汤呈现黄色的主体物质，是绿茶茶汤颜色的重要成分。

花青素的形成与积累与茶树生长发育状态及环境条件密切相关，一般光照强、气温高的季节，较易形成花青素，使茶芽叶呈红紫色。含有较高花青素的鲜叶，如果加工成绿茶，汤色发紫，滋味苦涩，叶底便成靛青色。

儿茶素的氧化物主要是茶黄素、茶红素、茶褐素。一般情况下，茶黄素的含量主导着茶汤的黄度、亮度；茶红素主导着茶汤的红色；茶褐素主导茶汤的褐色。

（2）茶叶加工过程中形成的色素

茶叶加工过程中形成的色素，主要是茶多酚的氧化物，易溶于水。

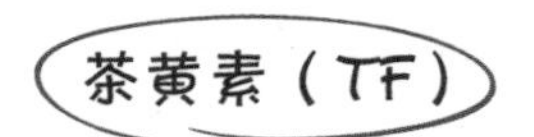

<1> 发现：1957 年由英国人 Roberts 最早发现。

<2> 性质：茶黄素是由多酚类及其衍生物氧化缩合而来，是红茶中的主要成分。

<3> 特点：易溶于水，水溶液呈鲜明的橙黄色，具有较强的刺激性。茶黄素对茶汤颜色的鲜亮程度和口感的浓烈方面，起到了一定的作用，是红茶的一个重要的质量指标。

<4> 种类：主要有茶黄素（theaflavin，TF1）、茶黄素-3-没食子酸酯（theaflavin-3-gallate，TF2A）、茶黄素-3′-没食子酸酯（theaflavin-3′-gallate，TF2B）和茶黄素双没食子酸酯（theaflavin-3,3′-digallate，TF3）等四种茶黄素。

<5> 功能：茶黄素对红茶的色、香、味及品质起着决定性的作用。由于茶黄素具有多种与人体健康有关的潜在功能，如抗氧化、防治心血管疾病、降血脂、抗癌防癌等，尤其是在清除脂肪肝、酒精肝、肝硬化方面具有很大的功用，所以茶黄素被称为人体的“软黄金”。

发现	1957 年
性质	多酚类及其衍生物氧化缩合而来
特点	易溶于水，水溶液呈鲜明的橙黄色 具有较强的刺激性 是红茶的一个重要的质量指标
功能	茶黄素对红茶的色、香、味及品质起着决定性的作用 茶黄素尤其是在缓解脂肪肝、酒精肝、肝硬化方面具有很大的功用 所以茶黄素被称为人体的“软黄金”

茶红素（TR）

<1> 性质：茶红素是红茶加工过程氧化产物最多的一类物质，是一类复杂的酚类化合物。包括多种相对分子质量差异极大的异源物质，其相对分子质量为700~4000，甚至更大。它既包括儿茶素酶促氧化聚合、缩合反应产物，也有儿茶素氧化产物与多糖、蛋白质、核酸和原花色素等产生非酶促反应型物质。

<2> 特点：含量占红茶干物质的 6% ~ 15%。溶于水，水溶液呈酸性，深红色，刺激性较弱，是构成红茶汤色的主体物质，对茶汤滋味与浓度起到极其重要的作用。

<3> 影响力：茶红素还与碱蛋白结合生成沉淀物存于叶底，从而影响红茶叶底色泽。通常认为，茶红素含量太高有损品质，使滋味淡薄，汤色变暗，而含量太低，红浓不够。TR/TF 比值过高，茶汤暗且滋味强度不足，比值过低时，亮度好，刺激性强，但汤色红浓度不够。

性质	茶红素是红茶加工过程氧化产物最多的一类物质
特点	溶于水，水溶液呈酸性，深红色 刺激性较弱，是构成红茶汤色的主体物质
影响力	TR/TF 比值过高，茶汤暗且滋味强度不足 比值过低时，亮度好，刺激性强，但汤色红浓度不够

茶褐素（TB）

<1> 性质：茶叶多酚类化合物的氧化物，是一类水溶性、非透析性高聚合的褐色物质，也有学者把不溶于乙酸乙酯和正丁醇的水溶性物质称为茶褐素。其主要组成是多糖、蛋白质、核酸和多酚类物质。

茶褐素是由茶黄色和茶红素进一步氧化聚合而成，化学结构及其组成有待进一步探明。

<2> 特点：深褐色，易溶于水，是造成红茶汤色发暗、无收敛性的重要因素。

<3> 影响力：含量增加时，红茶的品质下降。

性质	茶叶多酚类化合物的氧化物 由茶黄色和茶红素进一步氧化聚合而成
特点	深褐色，易溶于水 是造成红茶汤色发暗、 无收敛性的重要因素
影响力	含量增加时，红茶的品质下降

如果用同一种茶叶制作出六大茶类，那么茶色素的含量哪个多？

色素

（和茶多酚含量正好相反）

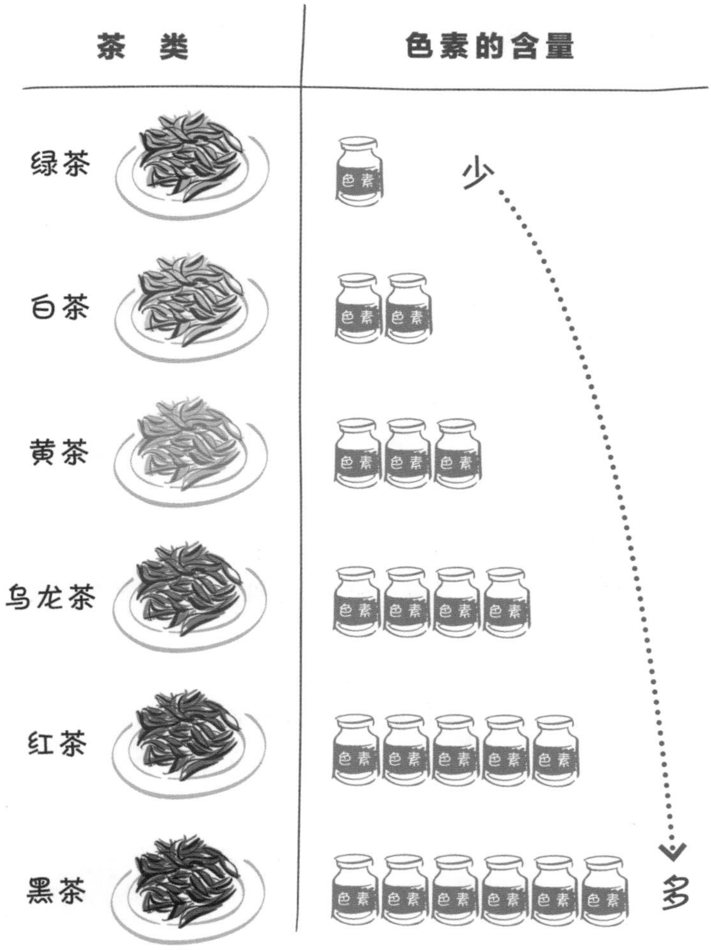

茶　类	色素的含量
绿茶	色素
白茶	色素 色素
黄茶	色素 色素 色素
乌龙茶	色素 色素 色素 色素
红茶	色素 色素 色素 色素 色素
黑茶	色素 色素 色素 色素 色素 色素

少 → 多

3. 茶叶中的生物碱

茶叶中的生物碱有咖啡碱、可可碱和茶叶碱，合称为生物碱。其中以咖啡碱含量最多，其他两种含量很少。在鲜叶中，咖啡碱的含量一般为 2%~4%，因此茶叶生物碱的测定常以咖啡碱为代表。因为一般植物中的咖啡碱含量不多，所以咖啡碱是茶叶的特征性物质。

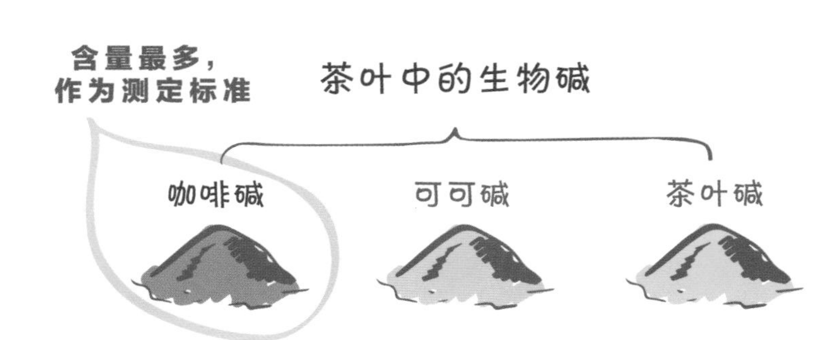

茶叶和咖啡豆中咖啡碱含量对比

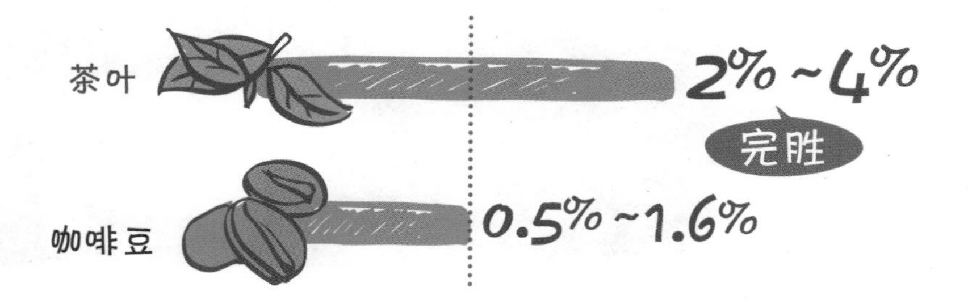

（1）什么是咖啡碱

咖啡碱性质：咖啡碱是含氮物质，咖啡碱的化学性质比较稳定，是一种无色针状结晶体。

咖啡碱特点：热至 120℃升华，易溶于 80℃以上的热水，咖啡碱无臭，有苦味。

咖啡碱影响力：咖啡碱无臭，有苦味，是茶汤滋味的主要物质之一。与茶黄素以氢键缔合成的复合物具有鲜爽味，与红茶品质强正相关，在红茶茶汤中增加咖啡碱后，可提高茶汤的鲜爽度。

（2）哪一类茶，咖啡碱含量高

咖啡碱在新梢中分布与蛋白质一样，芽叶含量最多。随着茶叶发育，含量逐渐下降。等级高的茶，因为芽叶较嫩，咖啡碱含量较高；等级低的茶，原料较为粗老，所以咖啡碱含量相对较低。从咖啡碱的含量看，嫩叶比老叶多，夏茶比春茶和秋茶多，遮光茶园比露天茶园多，施肥的茶园比不施肥的茶园多，大叶种比小叶种多。

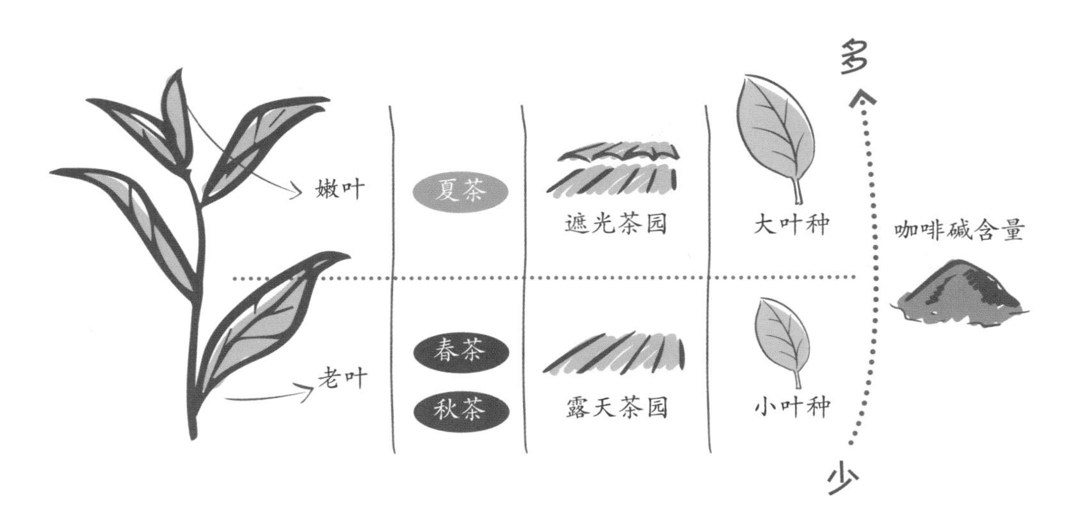

（3）哪种工艺会影响咖啡碱的变化

一种是制茶过程的干燥环节。由于咖啡碱化学性质较稳定，但热至 120℃会升华，所以在制茶过程中，咖啡碱不会发生氧化作用，其含量变化不大。只有在干燥过程中，咖啡碱因升华而损失一部分。另一种是红茶发酵和黑茶渥堆过程中，在湿热环境下，有新的咖啡碱合成。

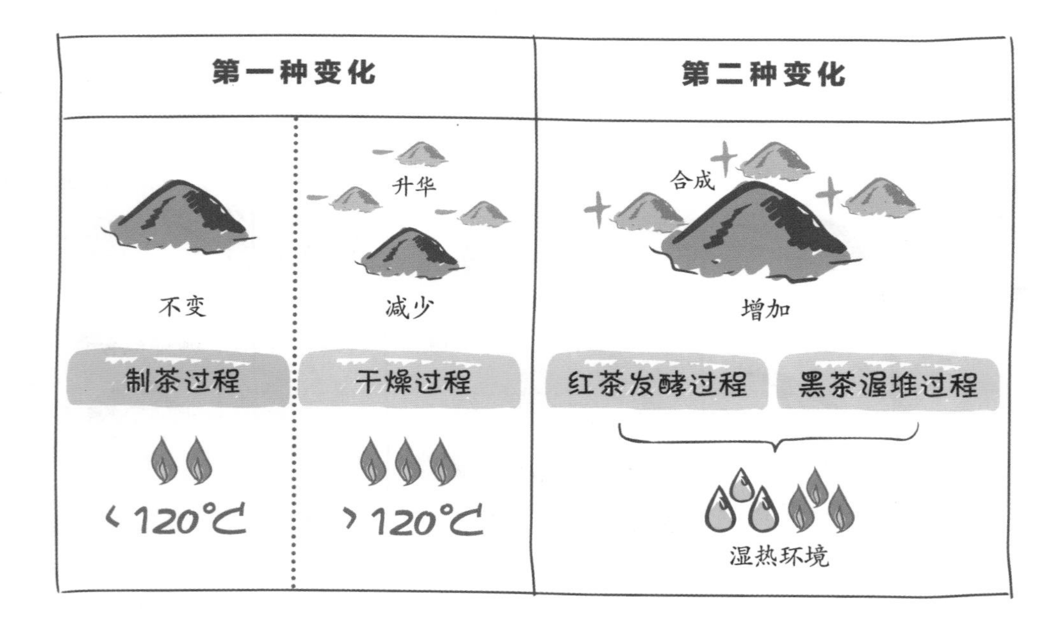

（4）“冷后浑”的形成

咖啡碱的特点是能溶于水，尤其易溶于 80℃以上的热水。咖啡碱能与多酚类化合物，特别是与多酚类的氧化产物茶红素、茶黄素形成络合物，这种络合物不易溶于冷水而易溶于热水。当茶汤冷却之后，便出现乳酯状物质，悬浮于茶汤中，使茶汤混浊成乳状，称为 " 冷后浑 "。这种 " 冷后浑 " 现象在高级茶汤中尤为明显，说明茶叶中有效化学成分含量高，是茶叶品质良好的象征。

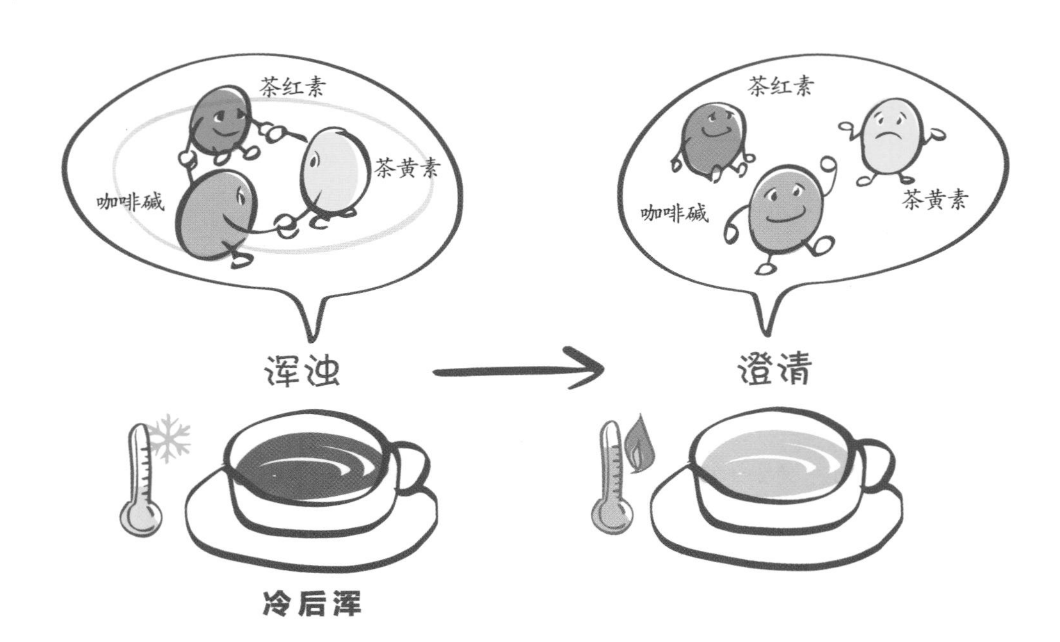

（5）咖啡碱的功能

咖啡碱含量虽不多，但它是一种兴奋剂，能刺激中枢神经系统，特别是刺激支配高级神经活动的大脑，从而使人感觉灵敏，增进肌肉的伸缩能力，具有迅速缓解疲劳，加强心脏活动及改善血液循环等功能。

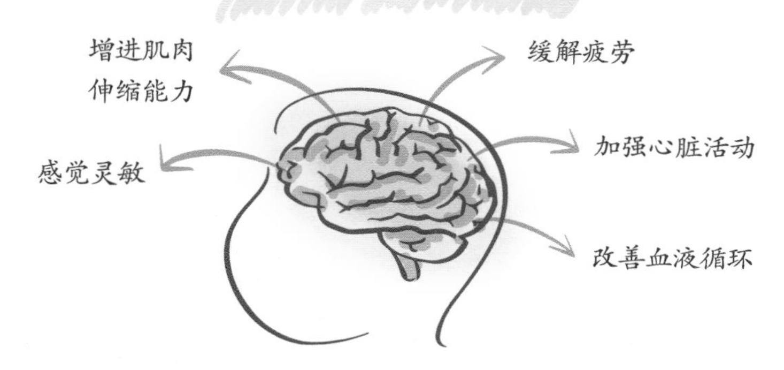

茶碱和可可碱的性质功能：茶碱是可可碱的同分异构体，在茶叶中含量极少，茶碱和可可碱具有刺激胃机能、利尿、扩张血管等作用。

	茶叶中咖啡碱的好处
1	茶叶中的咖啡碱对中枢神经系统的兴奋作用
2	助消化、利尿的作用
3	强心解痉，松弛平滑肌的作用
4	影响呼吸，增加呼吸率
5	对心脑血管的影响，调节血管的收缩与扩张
6	促进代谢的影响

如果用同一种茶叶制作出六大茶类，那么咖啡碱的含量哪个多？

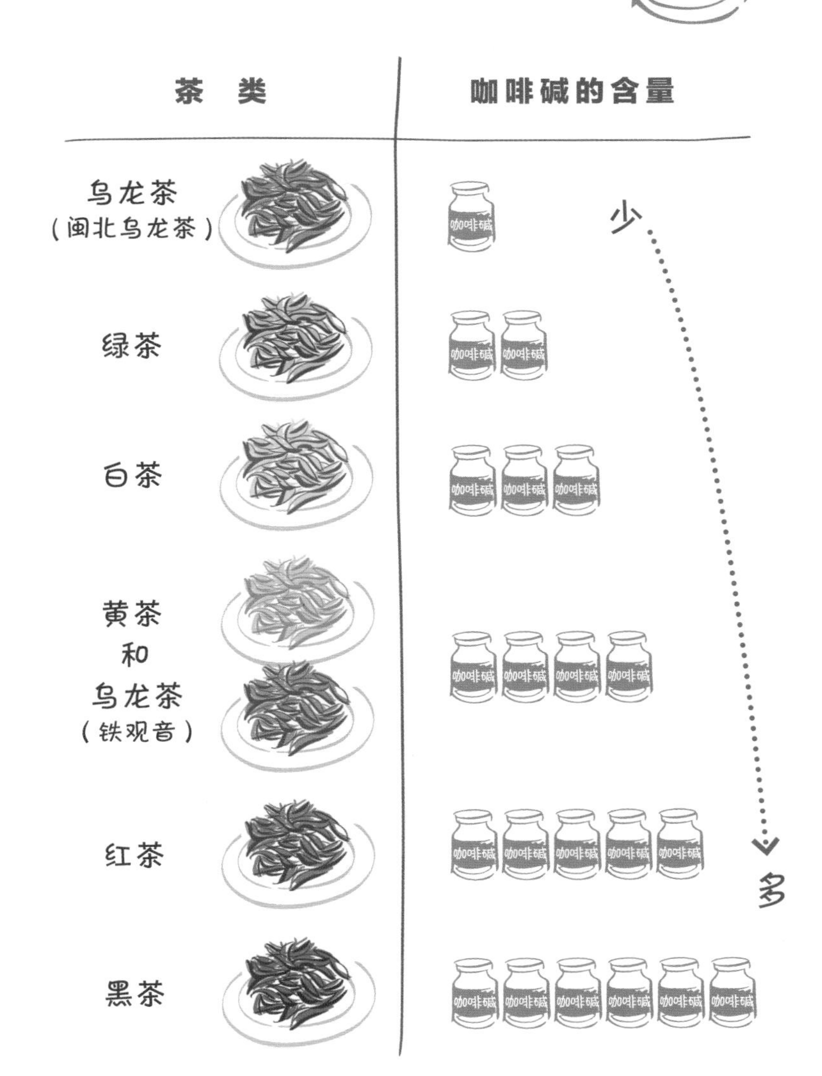

4. 茶叶中的氨基酸

（1）氨基酸是怎么来的

在茶树生长过程中，蛋白质是茶树的三大营养物质之一，而蛋白质主要是由氨基酸构成。茶树从根部吸收氮元素，然后转运到茶树的芽、叶等各部位，从而使茶树慢慢长高、长大。在茶树中，氨基酸是氮循环的一类非常重要的代谢产物。

茶叶中的氨基酸不仅代表着茶树营养的供给与转化，也与茶叶的品质有着直接的关系，与茶叶品质正相关。

（2）对于氨基酸，我们并不陌生

炒菜的时候，为了增加菜的鲜爽滋味，常常加一点味精。这个味精，就是谷氨酸（氨基酸的一种）和钠离子结合物，叫谷氨酸钠。很多蔬菜、水果具有鲜爽的味道，都是氨基酸作用于味蕾的结果。

氨基酸的特点：茶叶氨基酸的味道大多都具有鲜、爽的特点。

氨基酸的影响力：如果茶叶当中氨基酸含量较高，那么口感就会表现出鲜、爽。如果具有刺激味的茶多酚的含量，与氨基酸含量配比恰当，那么这个茶的口感，就表现出醇爽的特点。

事实上，氨基酸是组成茶叶滋味最重要的四大类物质（茶多酚、氨基酸、咖啡碱、糖类）之一，茶汤口感好不好，很大程度上就取决于这四类物质的含量与比例关系。

组成茶叶滋味最重要的四大类物质

部分氨基酸还表现出一定的良好香气，如腥甜、海苔味、鲜甜、紫菜气味等等。这些香气在日式蒸青茶或者一些名优绿茶当中常被发现，这是由于这些茶当中，氨基酸的含量普遍都较高。此外，有些氨基酸还能与其他物质相结合，在制茶过程中有助于良好香气的形成。

氨基酸的种类：茶叶鲜叶中已发现的氨基酸有 26 种，包含 20 种蛋白质氨基酸和 6 种非蛋白质氨基酸。其中，最主要的有茶氨酸、谷氨酸、天门冬氨酸和精氨酸。尤其是茶氨酸，是茶叶区别于其他植物的辨识性物质。可以说，是茶叶所特有。

氨基酸的含量和种类：茶叶鲜叶中含有 1%~5% 的氨基酸，茶氨酸的含量占茶叶干物质的 1%~2%，某些名优茶的含量可超过 2%，约占所有氨基酸含量的 50%。于是我们讨论茶叶的氨基酸，最主要研究的就是茶氨酸。

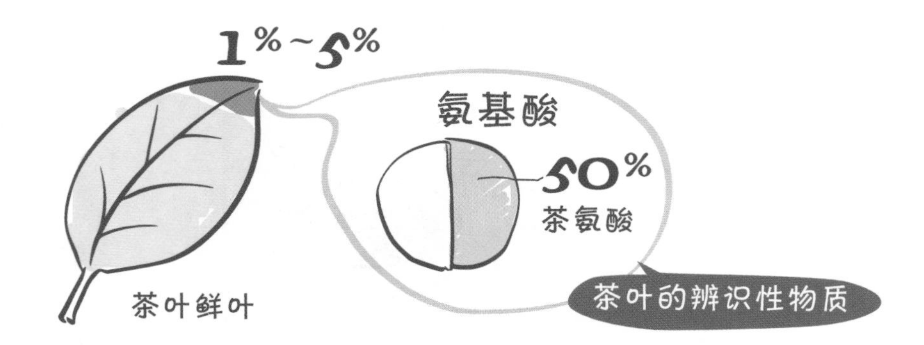

茶叶的三大特征物质（可识别性物质）

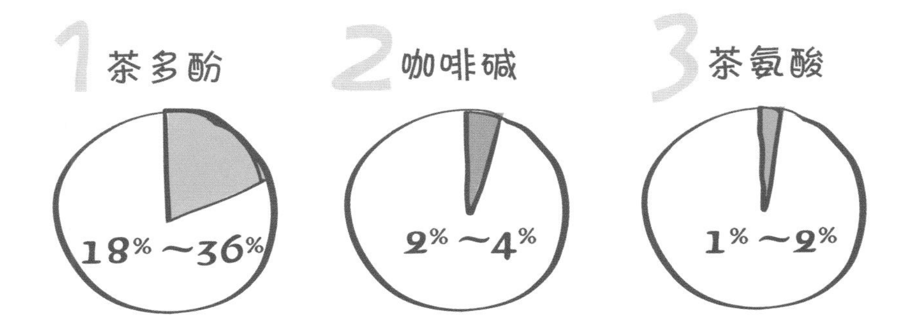

氨基酸的功用：茶氨酸易溶于水，具有焦糖的香味和类似味精的鲜爽味，味觉阈值为 0.06%。在茶汤中，茶氨酸的浸出率可达 80%，对绿茶滋味有重要作用，与绿茶的品质强正相关。另外，茶氨酸除了本身具有鲜、爽的特点外，还能缓解茶的苦涩味，增强甜味。

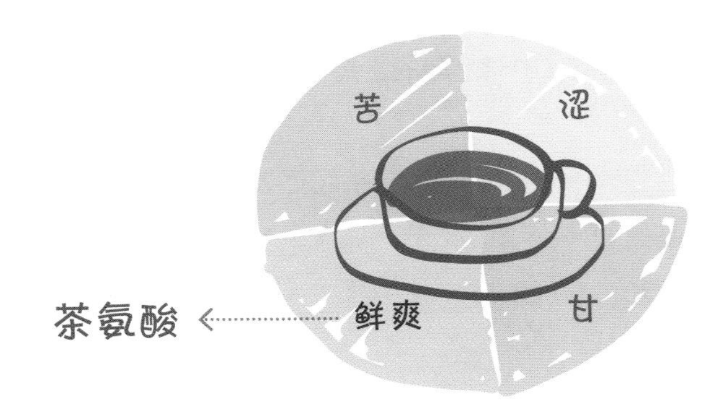

茶氨酸的分布规律：茶叶氨基酸在不同的茶树品种、种植环境、栽培措施和加工工艺下，会表现出更多的分布规律，这是由茶叶氨基酸的合成原理以及生化物理特性所决定的。了解这些分布规律，对茶产业进一步发展有重要意义。

其一，对不同的茶树品种，小叶种含氨基酸比大叶种多，而小叶种的细嫩部位含量又比粗老部位多。

其二，对不同的种植环境，北方的茶生长纬度高，气温相对低，光照相对弱，氨基酸含量多；而南方的茶生长纬度低，气温相对高，光照相对强，氨基酸含量相对也低。另外，在同一纬度，高海拔的高山茶比低海拔的低山茶氨基酸含量高。

其三，采用遮荫的方法，茶树氨基酸含量相对较高。如日本煎茶，茶园普遍有遮荫措施。有些茶园是靠种植遮荫树，遮挡部分太阳光；有的是采用遮网罩，防止太阳光直射。这些措施和办法，都能有效提高茶叶中氨基酸的含量。

其四，在六大茶类当中，不发酵的名优绿茶和后发酵控制良好的黑茶所含的氨基酸较多。前者工艺可最大限度保留鲜叶原有氨基酸，后者工艺可在后发酵过程中合成大量氨基酸（主要通过微生物作用）。

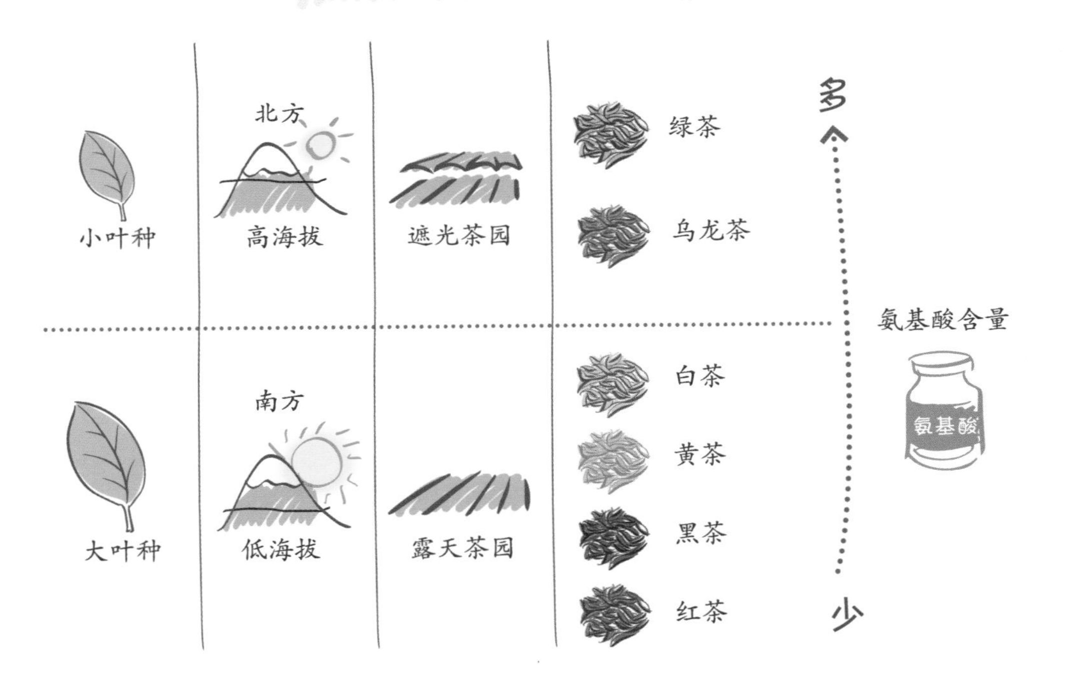
氨基酸的分布规律
小叶种
北方
高海拔
遮光茶园
绿茶
乌龙茶
多
氨基酸含量
氨基酸
大叶种
南方
低海拔
露天茶园
白茶
黄茶
黑茶
红茶
少

5. 茶叶中的糖类

糖类又称碳水化合物，是植物光合作用的初级产物。植物中的绝大多数成分都是通过它们合成的，所以糖类不仅为植物贮藏养料和骨架，还是其他有机物形成的前提。

（1）糖类的种类

糖类在茶叶鲜叶中，占干物质的 20%~25%。

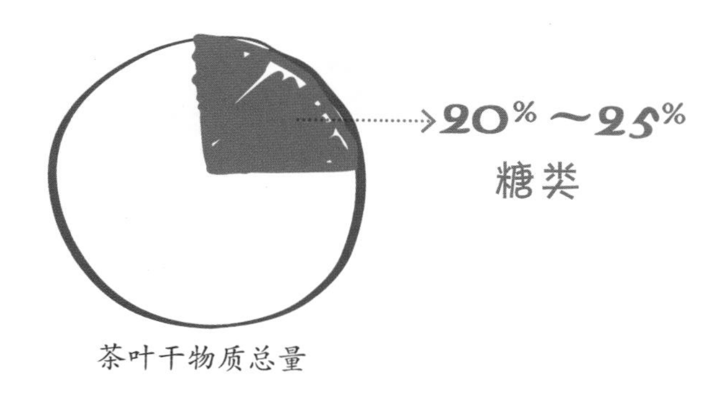

糖类化合物是怎么来分类的呢？一般是依照它们水解的情况来分类，凡是不能被水解成更小分子的糖称为单糖；两个单糖分子缩合在一起，叫双糖；三个单糖分子缩合在一起，叫做三糖；四个单糖分子缩合在一起，叫做四糖；一般双糖、三糖、四糖等数量较少的单糖分子缩合在一起，都统称为寡糖。“寡”，就是数量比较少的意思；多个单糖分子缩合在一起，叫做多糖；如果多糖的分子团由于和蛋白质、矿物质元素等结合在一起，叫做茶多糖。

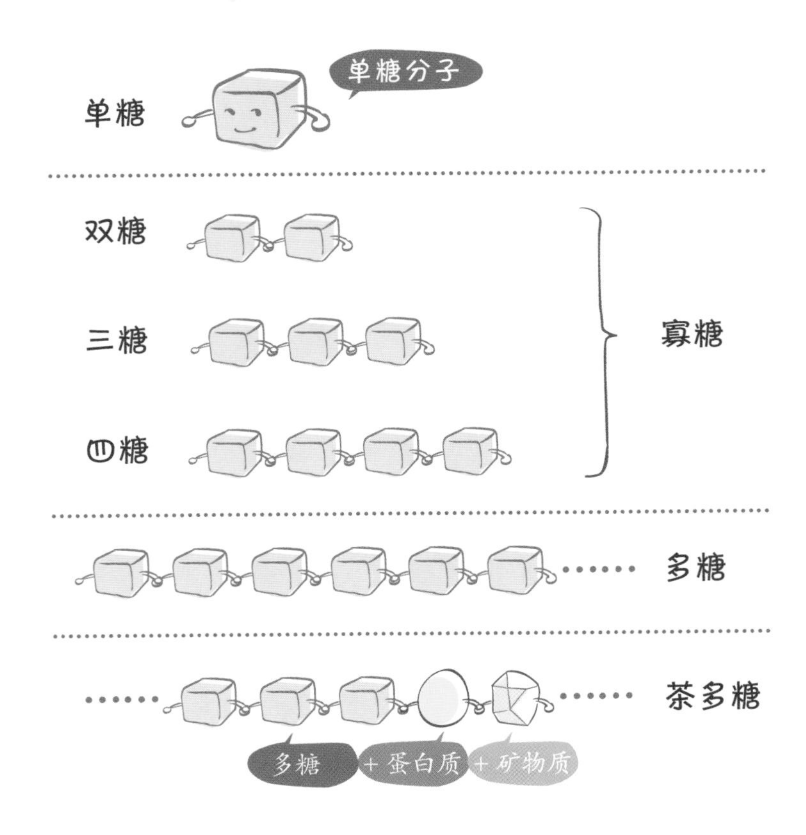

糖类化合物的分类

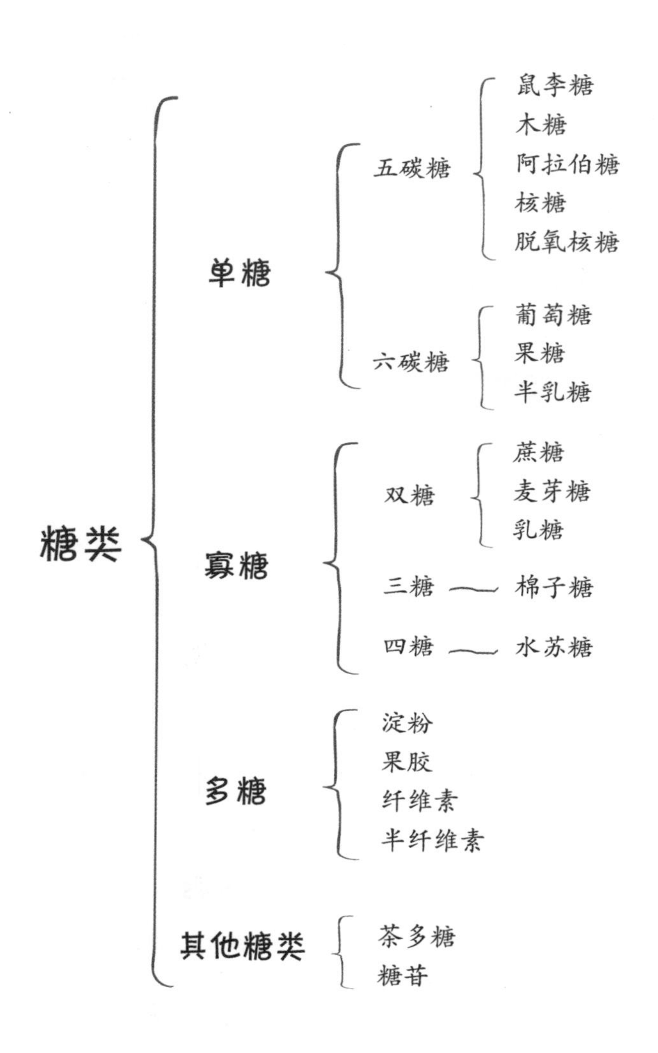

糖类
单糖
五碳糖
鼠李糖
木糖
阿拉伯糖
核糖
脱氧核糖
六碳糖
葡萄糖
果糖
半乳糖
寡糖
双糖
蔗糖
麦芽糖
乳糖
三糖
棉子糖
四糖
水苏糖
多糖
淀粉
果胶
纤维素
半纤维素
其他糖类
茶多糖
糖苷

糖类在茶叶中分为单糖、寡糖、多糖及少数其他糖类。

单糖按照糖分子含碳原子数多少分为五碳糖和六碳糖，也叫戊糖和己糖。五碳糖有：鼠李糖、木糖、阿拉伯糖、核糖和脱氧核糖；六碳糖有：葡萄糖、果糖、半乳糖。

寡糖主要有：双糖、三糖、四糖等。双糖主要有：蔗糖、麦芽糖和乳糖；三糖主要是棉子糖；四糖主要是水苏糖。

多糖主要有：淀粉、果胶、纤维素、半纤维素。

其他糖类主要有：茶多糖、糖苷等。

（2）糖类的特点及功能作用

<1> 单糖和双糖

单糖和双糖都能溶于水，都具有甜味，是构成茶汤浓度和滋味的重要物质。我们品茶时的回甘，都是单糖和双糖发挥的作用。还有常提到茶汤的鲜爽甘醇，都是氨基酸、茶多酚、糖类综合作用的结果。

另外，单糖还参与茶叶香气的形成。比如茶叶中的板栗香、甜香怎么来的呢？就是在加工过程中，火功掌握适当，糖分本身发生变化，并与氨基酸等物质相互作用产生芳香物质。

在没有氨基化合物存在时，在加工过程中，糖类物质在高温作用下，发生脱水、缩合、聚合反应，最后形成黑褐色物质的过程叫焦糖化反应，茶叶中令人愉快的糖色和焦糖香就是这么产生的。

<2> 多糖：

多糖是由多个分子的单糖缩合成的高分子化合物。没有甜味，是非结晶的固体物质。大多不溶于水，都是以支持物质和贮藏物质而存在于茶叶中。

淀粉难溶于水，是茶树体内的一种物质贮藏形式。在茶叶加工过程中，部分淀粉能在水解酶的作用下，水解成可溶性糖。如麦芽糖、葡萄糖，这些糖增进了茶叶滋味，对茶叶品质非常有利。

纤维素与半纤维素是构成细胞壁的主要成分，其含量随着叶子老化而增加。因此，含量高低是鲜叶老嫩的主要标志之一。在茯砖、康砖及普洱茶的加工中，由于微生物的大量繁殖，分泌大量水解酶，如纤维素水解酶，可分解纤维素成可溶性糖。在普洱茶渥堆工序中，微生物大量繁殖，随着菌落数的上升，粗纤维含量显著下降，可溶性糖明显上升。

<3> 果胶

果胶是糖类物质的衍生物，可分为水溶性果胶、原果胶素、果胶盐三部分。果胶物质是具有黏稠性的胶体物质，在细胞中与纤维素等结合在一块，构成茶树的支持物质。更为重要的是，能将相邻细胞黏合在一起，同时对形成茶条紧结的外形有一定作用。在茶叶加工过程中，果胶物质一方面水解成水溶性果胶素及半乳糖、阿拉伯糖等物质，来参与构成茶汤的滋味品质；另一方面，果胶物质还与茶汤的黏稠度、条索的紧接度和外观的油润度有关。

（3）茶多糖

茶叶中具有生物活性的复合多糖，一般称为茶多糖（TPS），是一种与蛋白质结合在一起的酸性糖蛋白。由于单糖分子中存在多个羟基，容易被氨基、甲基、乙酰基等取代，因此以单糖为基本单位的茶叶复合多糖组成复杂，并且含有大量的矿物质元素，称为茶叶多糖复合物，简称为茶叶多糖或茶多糖。

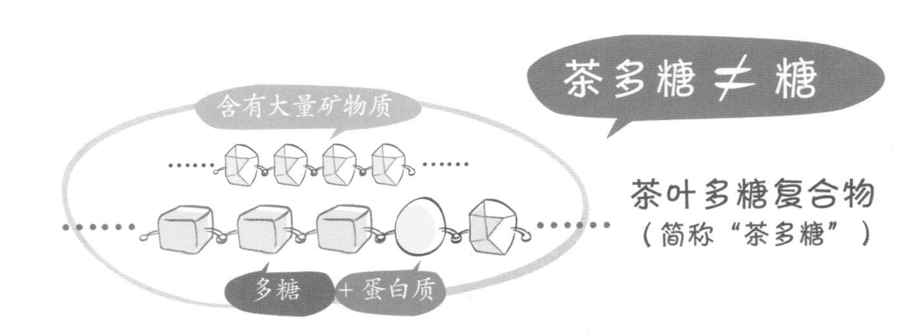

构成茶多糖的蛋白部分主要由约 20 种常见的氨基酸组成；糖的部分主要有阿拉伯糖、木糖、岩藻糖、葡萄糖、半乳糖等；矿质元素主要有钙、镁、铁、锰等及少量的微量元素。

茶多糖的颜色随干燥时温度的不同而呈现不同的颜色，随干燥温度升高而呈现灰白色、浅黄色和灰褐色。茶多糖的水溶液也会随碱性增加而颜色加深，并有丝状沉淀物。

茶多糖主要是水溶性多糖，易溶于热水。但它的热稳定性差。温度过高，会丧失活性。所以用冷泡法泡茶，茶多糖的活性更强。

如果用同一种茶叶制作出六大茶类，那么茶多糖和可溶性糖的含量哪个多？

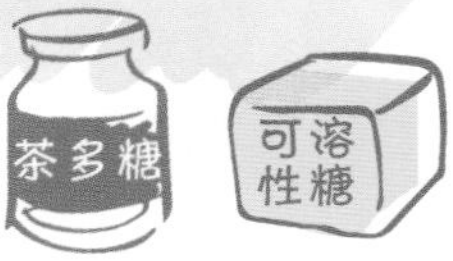

茶多糖 可溶性糖

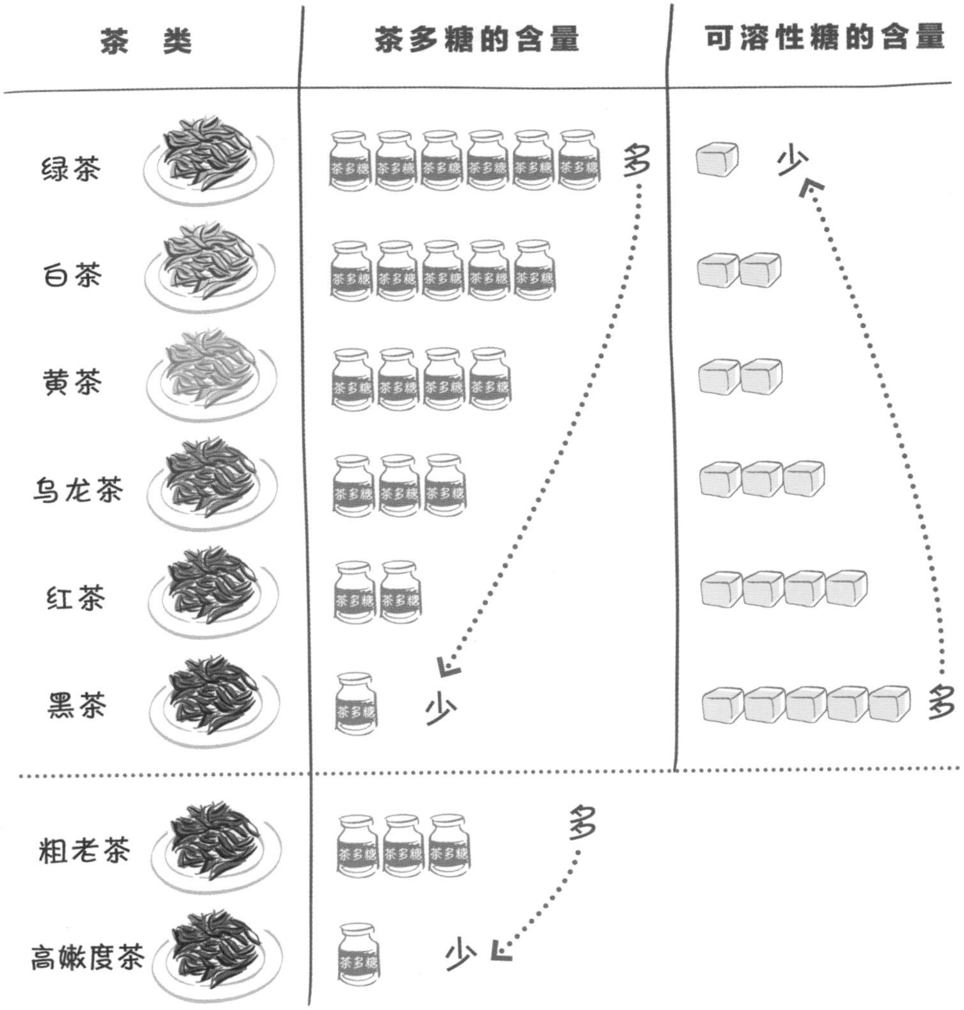

茶类	茶多糖的含量	可溶性糖的含量
绿茶	多	少
白茶		
黄茶		
乌龙茶		
红茶		
黑茶	少	多
粗老茶	多	
高嫩度茶	少	

6. 茶叶中的芳香物质

茶叶中的芳香物质，也称“挥发性香气组分 (VFC)”，是茶叶中易挥发性物质的总称。茶叶香气是决定茶叶品质的重要因子之一。所谓不同的茶香，实际是不同芳香物质以不同浓度的组合，表现出各种香气风味。即便同一种芳香物质，不同的浓度，嗅觉表现出来的香型也不一样。

茶叶里芳香物质的三大特点

种类多

迄今为止
已分离鉴定的
茶叶芳香物质
约有
700种

含量少

芳香物质含量
一般占干物质的

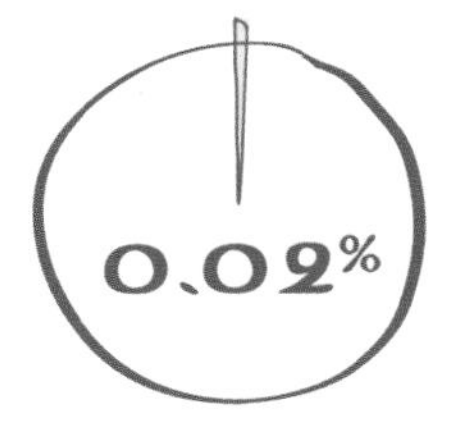

善变化

加工过程
是温度、湿度
不断变化的过程
不同的工艺
形成了不同的
香气物质

茶叶芳香物质在茶叶中含量很少，一般占干物质的 0.02%。虽然含量很少，但却是构成茶叶品质的重要因素之一。

茶叶中的芳香物质尽管含量少，但种类多。到目前为止，已分离鉴定的茶叶芳香物质约有 700 种。其中，表现突出的成分并不多，只有几十种。

茶叶中的香气物质有的是红茶、绿茶、鲜叶共有的；有的是各自具有的；有的是在鲜叶生长过程中合成的；有的则是在茶叶加工过程中形成的。

一般而言，茶鲜叶中含有的香气物质种类较少，大约 80 种；绿茶中有 260 余种；红茶则有 400 多种；乌龙茶最多，达到 500 多种。近年来，气相色谱和气质联用的应用，把茶叶香气的研究推向了高潮。

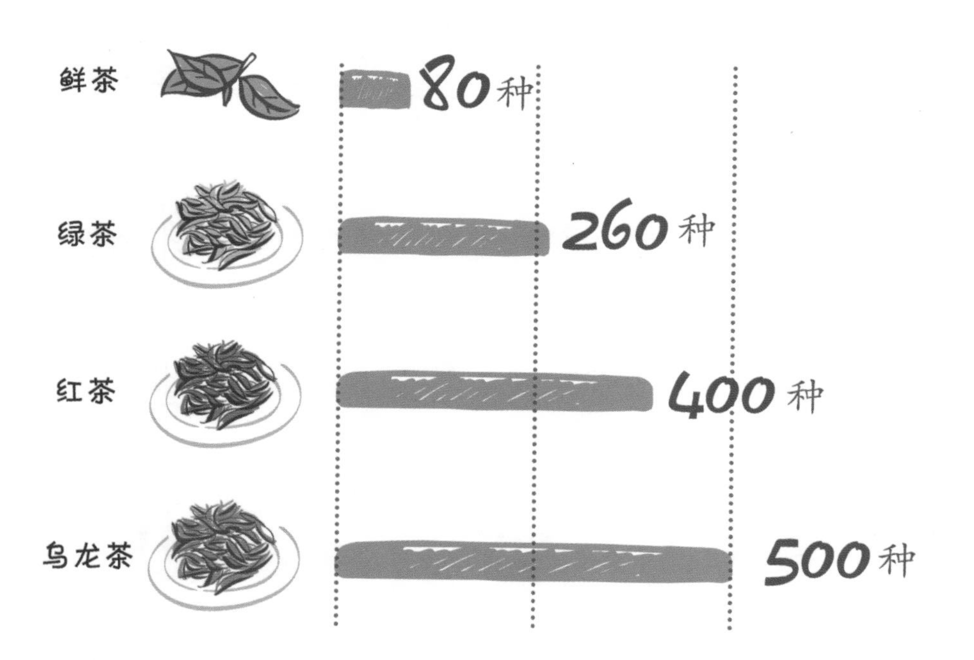

根据气相色谱分析，茶叶芳香物质的组成包括十一大类：醇类、醛类、酮类、酸类、酯类、内酯类、酚类及其衍生物、杂环类、过氧化合物类、硫化合物类、含氮化合物。其中主导茶叶香型的香气物质有以下几种。

（1）青叶醇（顺 -3- 己烯醇）：在茶叶所有香气物质中，含量最高，占鲜叶芳香物质的 60% 左右，沸点在 157℃。当青叶醇浓度高时，具有强烈的青草气；低浓度时，有清香的感觉。在杀青过程中，一部分挥发。另外，绿茶摊放和红茶萎凋过程中，一部分发生异构，形成反式青叶醇，而反式青叶醇具有清香味。所以萎凋的过程中，茶叶逐渐由青臭气变成清香味。

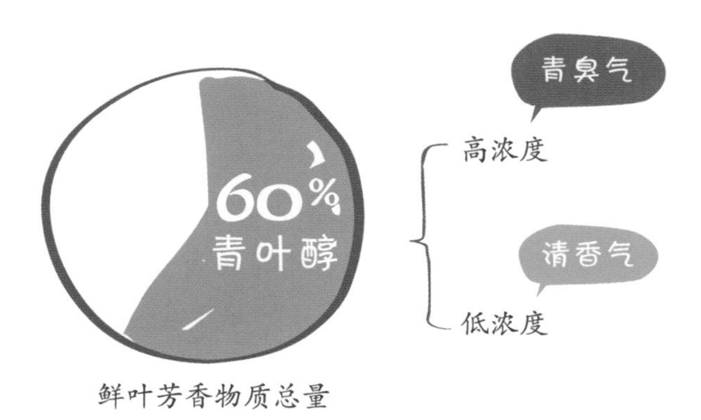

（2）苯甲醇：具有微弱的苹果香气，沸点 205℃。在鲜叶及各类茶中，均有存在。多施肥及遮荫有利于苯甲醇的形成。萎凋时增加不明显，而揉捻和发酵会促进其大量形成。

（3）苯乙醇：具有玫瑰香气，沸点 220℃。存在于鲜叶和成品茶中，含量随嫩度的增加而增加。

（4）苯丙醇：具有类似水仙花的香气，沸点 217~228℃。

（5）芳樟醇：又叫沉香醇，沸点 199~200℃，具有百合花或兰花香气，茶叶中含量较高的香气物质之一。

祁门红茶的“祁门香”

祁门红茶是世界三大高香红茶之一，具有独特花香味，人们习惯称它为“祁门香”。“祁门香”主要的香气是玫瑰香。

制作祁门红茶的茶树品种是中小叶种的祁门种。祁门种中香叶醇的含量很高，是普通茶树种的几十倍。且芽叶越嫩含量越高。香叶醇的沸点 199~230℃，具有玫瑰香气。所谓的“祁门香”，实际上主要是香叶醇的玫瑰香。

（6）香叶醇：沸点 199~230℃，具有玫瑰香气，茶叶中含量较高的香气物质之一，其含量随嫩度的增加而增加。另外，香叶醇跟茶树品种也有关系，中小叶种含量高于大叶种。祁门种含量高于普通种几十倍，因而是祁红玫瑰香的特征物质之一。

（7）香草醇：沸点 224~225℃，香气与香叶醇类似，具有玫瑰香气。

（8）橙花醇：沸点 225~226℃，香气与香叶醇类似，具有柔和的玫瑰香气。

（9）橙花叔醇：沸点 276℃，具有木香、花木香和水果百合香韵。是茶叶中重要的香气成分，尤其是乌龙茶及花香型高级名优绿茶的主要成分，含量多少与茶叶的香气品质直接相关。在乌龙茶的晒青、做青及包揉中明显增加。

乌龙茶的“花香”

乌龙茶中的香气物质有**500多种，是六大茶类中种类最多的**。这主要与乌龙茶的加工工艺有关，乌龙茶独有的做青工艺，可以说是香气的加工厂。大量的香气物质是在这一过程中形成的。

在做青过程中，大量的芳香物质水解、异构、转化、合成。比较突出的有芳樟醇、香叶醇、橙花叔醇等。这些都具有香韵，花香味。

铁观音的兰香，主要也是形成于做青的过程。

（10）木醇：沸点65℃，具有木香味。

（11）1-戊烯-1-醇：具有陈香味。

（12）己烯醛：占茶叶芳香油的5%，沸点150~152℃，具有花香。红茶和乌龙茶中较多，绿茶中很少检测出来。

（13）苯甲醛：沸点179℃，具有苦杏仁的香气。鲜叶和成品茶均有存在，在茶叶萎凋中有所增加。

（14）苯乙醛：沸点193℃，具有陈香味。

（15）n-壬醛：沸点191~192℃，具有陈香味。

（16）n-癸醛：沸点207~209℃，具有陈香味。

（17）芳樟醇氧化物：具有陈香味。

陈香来自何处？

- 1-戊烯-1-醇
- 苯乙醛
- n-壬醛
- n-癸醛
- 芳樟醇氧化物

（18）肉桂醛：沸点 252℃，具有肉桂香气。

（19）橙花醛：沸点 228~229℃，具有浓厚的柠檬香，主要存在于红茶中。橙花醛的顺势异构体是香叶醛。

（20）香草醛：沸点 204~208℃，具有花香味。

（21）α－紫罗酮和 β－紫罗酮：沸点 237~239℃，具有紫罗兰香气。

（22）茉莉酮：沸点 257~258℃，有令人愉快的茉莉香，茉莉花茶中含量较多。

（23）辛二烯酮：沸点 310℃，具有陈香气。

（24）醋酸香叶醇：沸点 242~245℃，具有玫瑰香气。

（25）醋酸香草醇：沸点 170℃，具有柠檬香气。

茶中的玫瑰香

品一杯茶，也可以成为一场香气的盛宴。其中的玫瑰香来自苯乙醇、香叶醇、香草醇、橙花醇、醋酸香叶醇、醋酸橙花醇。

（26）醋酸芳樟醇：沸点 220℃，具有柠檬香气。

（27）醋酸橙花醇：沸点 134℃，具有玫瑰香气。

（28）苯乙酸苯甲酯：沸点 218℃，有强烈的、甜润的、细腻的蜂蜜样香味。

（29）蒎烯：沸点 156℃，具有松木香味。

（30）醋酸苯乙酯：沸点 232℃，具有果味香。

好的香气是如何形成的？茶叶中芳香物质主要有中低沸点和高沸点两大类，中低沸点的芳香物质，如青叶醇等具有强烈的青草气，广泛存在于鲜叶中，因此杀青不足的绿茶往往具有青草气；而高沸点的芳香物质，如苯甲醇、苯乙醇、茉莉酮和芳樟醇等，都具有良好的花香，它们主要是鲜叶经加工后形成的。200℃以上的高沸点的芳香物质具有良好的香气，如苯甲醇具有苹果香，苯乙醇具有玫瑰花香，茉莉酮类则有茉莉花香和芳樟醇具有特殊的花香。因此，加工技术是形成茶叶良好香气的关键。

这些芳香物质中含有羟基（-HO)、酮基（-CO-）、醛基（-CHO）、酯基（-COOR）等芳香基团。每一基团物对化合物的香气有一定影响，如大多数醇类具有花香或果香，大多数酯类具有熟果香，含量虽然少，但对茶叶的香气都起着重要作用。

绿茶为什么会有清香

茶叶鲜叶中有一种香气物质含量很高，占鲜叶芳香物质的 60% 左右，具有强烈的青草气。就是我们经常在路边闻到的割草的气味。

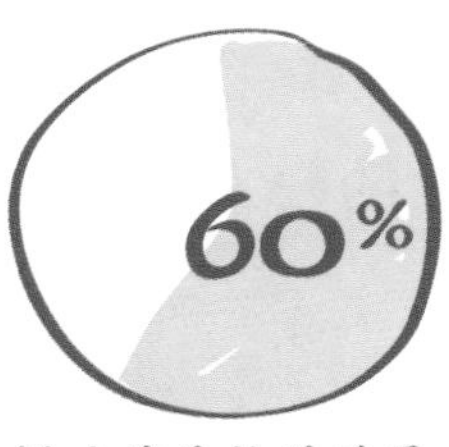

鲜叶芳香物质总量

青叶醇

它的名字叫做青叶醇（顺 –3– 己烯醇），高浓度时具有强烈的青草气，低浓度时有清香的感觉。沸点在 157℃。在杀青过程中，一部分挥发。另外，绿茶摊放和红茶萎凋过程中，一部分发生异构，形成反式青叶醇，而反式青叶醇具有清香味。

原因一

青叶醇
浓度降低
有清香的感觉

原因二

部分青叶醇
异构成
具有清香味道的
反式青叶醇

不同品种、不同加工工艺、不同生长环境所含芳香物质的种类、数量都有很大不同。即便同种茶类，产于不同的地区，香气也有很大的差异。如云南红茶具有特殊的甜香；祁门红茶有特殊的玫瑰花香（祁门香）；阿萨姆红茶则具“阿萨姆香”；同是绿茶，屯绿具栗香，龙井具清香，高山绿茶具有嫩香等。

香气形成的秘密

不同的茶树品种	不同加工工艺	不同生长环境
金萱：奶香	绿茶：清香	屯绿：栗香
铁观音：兰香	红茶：甜香	龙井：清香
祁门红茶：玫瑰花香	黑茶：陈香	高山绿茶：嫩香
阿萨姆红茶：阿萨姆香		

7. 茶叶中的皂苷

茶叶皂素是由日本学者青山次郎在 1931 年首次从茶籽中分离出来的。

什么是茶皂苷？茶皂苷，又名皂素、皂角甙或皂草甙，是一类结构比较复杂的糖苷类化合物。

茶皂苷的特点：其一是味苦而辛辣；其二难溶于冷水，而易溶于热水；其三是它的水溶液振摇后，能产生大量持久性、类似肥皂样的泡沫，这也就是茶皂苷名字的由来。

茶皂素的特点

1	味苦而辛辣
2	难溶于冷水，而易溶于热水
3	它的水溶液振摇后，能产生大量持久性、类似肥皂样的泡沫，这也就是茶皂苷名字的由来

茶皂素的水溶液振荡后能产生持久的泡沫。其起泡能力几乎不受水质硬度的影响，茶皂素起泡力在 pH4~10 范围内正常发泡，且稳定性好。

我们在泡茶时出现的白色泡沫，其实就是茶皂苷。唐代的陆羽，形容它明亮如积雪，灿烂如春花。北宋时点汤、日本的抹茶所追求的乳白色泡沫都是茶皂苷。北宋时期，非常流行斗茶，斗茶也叫茗战。既然是斗茶，肯定有比赛规则。当时的评判标准就是看茶汤的白色泡沫，那时肯定不叫茶皂苷。观察白色泡沫，以三点特征为评判标准：第一是看白色泡沫的多少，以白色泡沫多者为胜；第二是看泡沫的白度，白度好者为胜；第三是看咬盏的时间，白色泡沫咬住盏，且经久不破，时间久者为胜。

点茶所出现的白色泡沫，宋代人认为，一是茶好，二是点汤技术要好。比如宋徽宗赵佶就专门写了一本《大观茶论》，里面对点茶法有具体的描述，并且提出点茶的七汤法。

宋代点茶法

决定茶叶保健功能的五大物质

茶叶是我国人民日常的饮品，老百姓常喝的饮料。“柴米油盐酱醋茶”，是老百姓每天的开门七件事。茶叶也为世界人民所普遍喜爱，茶与咖啡、可可并称为世界三大无酒精饮料，而且茶也被称为21世纪的健康饮品。世界上160多个国家和地区，共计30多亿人饮茶。喝茶的人数众多，地区广泛。茶叶对人体健康所起的特殊效用，更是其他饮料所不及的。

在上一章里我们了解到了，决定茶叶色、香、味的七大物质。那么茶叶里哪些物质主导着保健功效呢？接下来我们重点讲茶叶里的五大功能性物质，分别是：茶多酚及其氧化物、咖啡碱、茶氨酸、茶多糖和茶皂素。让我们一一揭开它们的神秘面纱。

*** 本章部分内容摘选自宛晓春教授主编的《茶叶生物化学》（第三版）**

一、茶多酚及其氧化物的功能

我们先说说茶多酚及其氧化物。茶多酚是什么，前面我们讲过了，它是茶叶里多酚类化合物的总称。那它的氧化物是什么呢？茶叶加工过程中，部分茶多酚在酶的催化下，生成茶红素类、茶黄素和茶褐素。也就是说，茶多酚的主要氧化产物，是茶黄素、茶红素和茶褐素三大类物质。

第二章中讲过，茶多酚在茶叶里占有绝对的优势，占干物质的 18%~36%。茶叶对人体的保健功能，茶多酚及其氧化物是主要功臣。茶多酚是一种活性物质，具有氧化还原性，能提供质子。打个比喻，就像拥有重武器的警察部队，不管是摩擦动乱，还是抗震救灾，这支部队都勇往直前，攻无不克。所以，有“人体的保鲜剂，健康的守护神”的美誉。

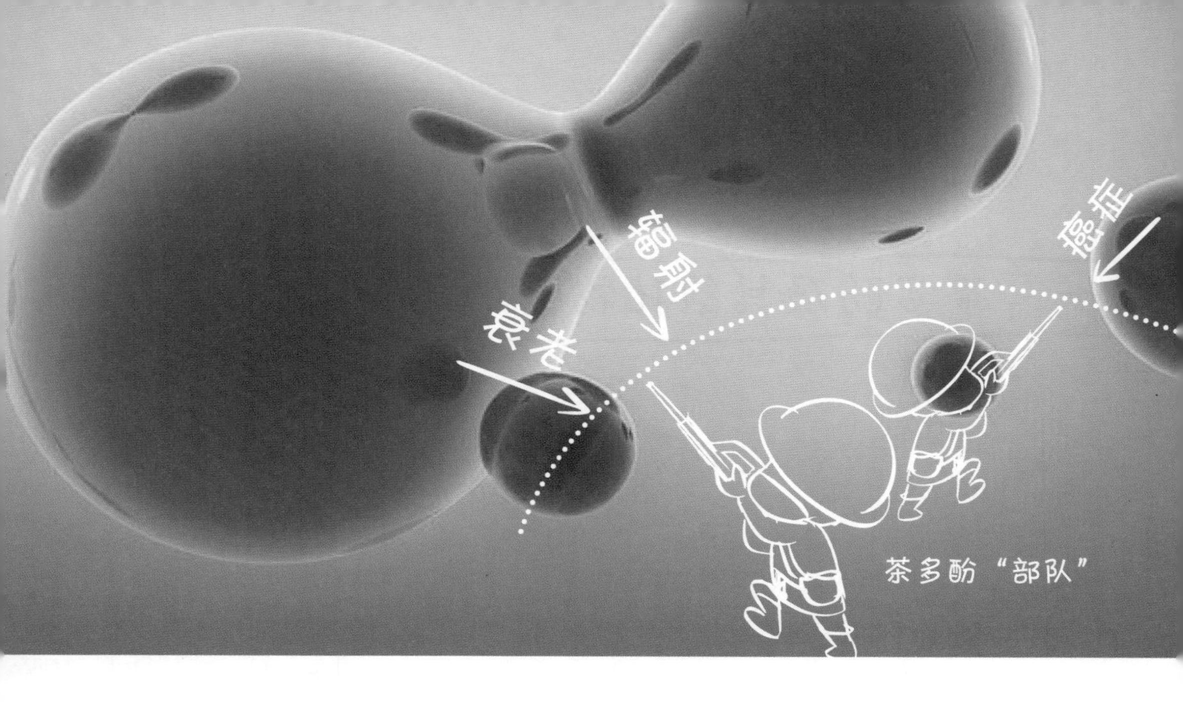

1. 抗辐射、抗癌、抗衰老

茶多酚及其氧化物是活性物质，具有解毒和抗辐射作用，能有效地阻止放射性物质侵入骨髓，被医学界誉为“辐射克星”。茶多酚及其氧化物为人类的健康，构筑了一道抵抗辐射伤害的防线。

除了抗辐射外，茶多酚及其氧化物还能清除体内过剩的自由基；阻止脂质过氧化，提高人体免疫力，延缓衰老。

要弄清楚茶多酚抗癌、抗衰老的原理，还得从自由基说起。

什么是自由基？我们知道，原子是原子核和围绕核的电子所组成，通常电子是成对出现的，当原子或分子含有一个或更多的不成对电子时，即成为自由基。自由基理论认为，自由基会不断地攻击细胞，使细胞受到损伤。这种损伤积累到一定的程度可以导致衰老和各种疾病的发生。这一极为重要的理论是由美国纳布拉斯大学医学院著名教授顿汉哈门博士于 1954 年提出的。

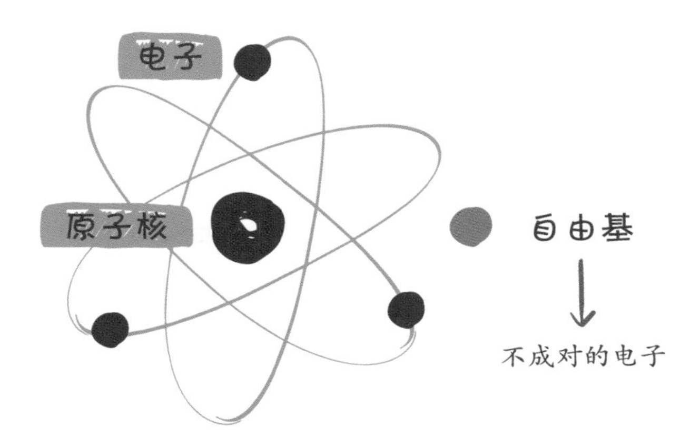

人体内产生哪些自由基？我们每天都受环境中的电磁辐射。手机、电脑、电视都有一定的电磁辐射。低波长的电磁辐射（射线）能裂解体内的水分子，从而产生羟自由基（-OH）。这种可怕的高活性自由基一旦产生，就立即攻击其邻近的所有电子。虽然羟自由基在体内的寿命非常短，但是它却能够激发一系列的自由基链反应。机体内还产生一种氧自由基，称为超氧自由基，它是由氧分子中进入了一个电子而产生的。某些超氧自由基的产生是很多分子直接与氧分子反应而偶然产生的。我们吸入的氧气有 1%~3% 是用来制造超氧自由基的，由于人体消耗大量的氧气，因此，一个人每年体内可以产生 2 千克以上的超氧自由基，有慢性感染的人产生的超氧自由基则更多。

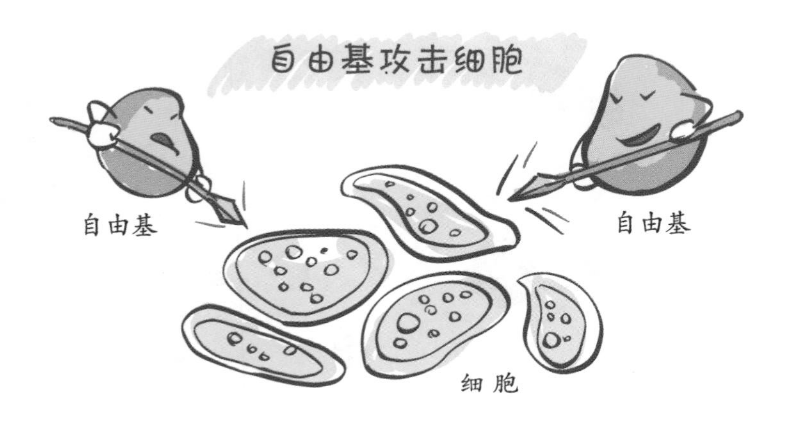

按照自由基学说的理论，衰老的原因是组织中自由基含量的改变，这种改变使细胞功能遭到破坏，从而加速肌体的衰老进程。研究表明，过氧化脂质在体内的增加与肌体衰老进程是一致的。当体内自由基呈过剩状态时，就表现出肌体的逐渐衰老。

这么说吧，如果人体内没有自由基，或自由基在体内不是过剩，是相对平衡的状态，那么人就是健康的，就能长命百岁。所以能有效清除体内自由基的物质，也就被认为是灵丹妙药。而大量的研究证明，茶多酚及其氧化物能有效地制服自由基。这也就是，长期饮茶，有益于健康的原因。

茶多酚及其氧化物能够清除自由基的原理是什么呢？茶多及其氧化物是一类含有多个酚性羟基的化合物，较易氧化而子，具有酚类抗氧化的通性。尤其是 B 环上的邻位酚位酚羟基有较高的还原性，易发生氧化生成邻醌类物供的 H^+ 与自由基结合，可使之还原成惰性化合物或基，从而避免自由基氧化而损伤正常细胞。

由基是坏蛋，茶多酚是警察

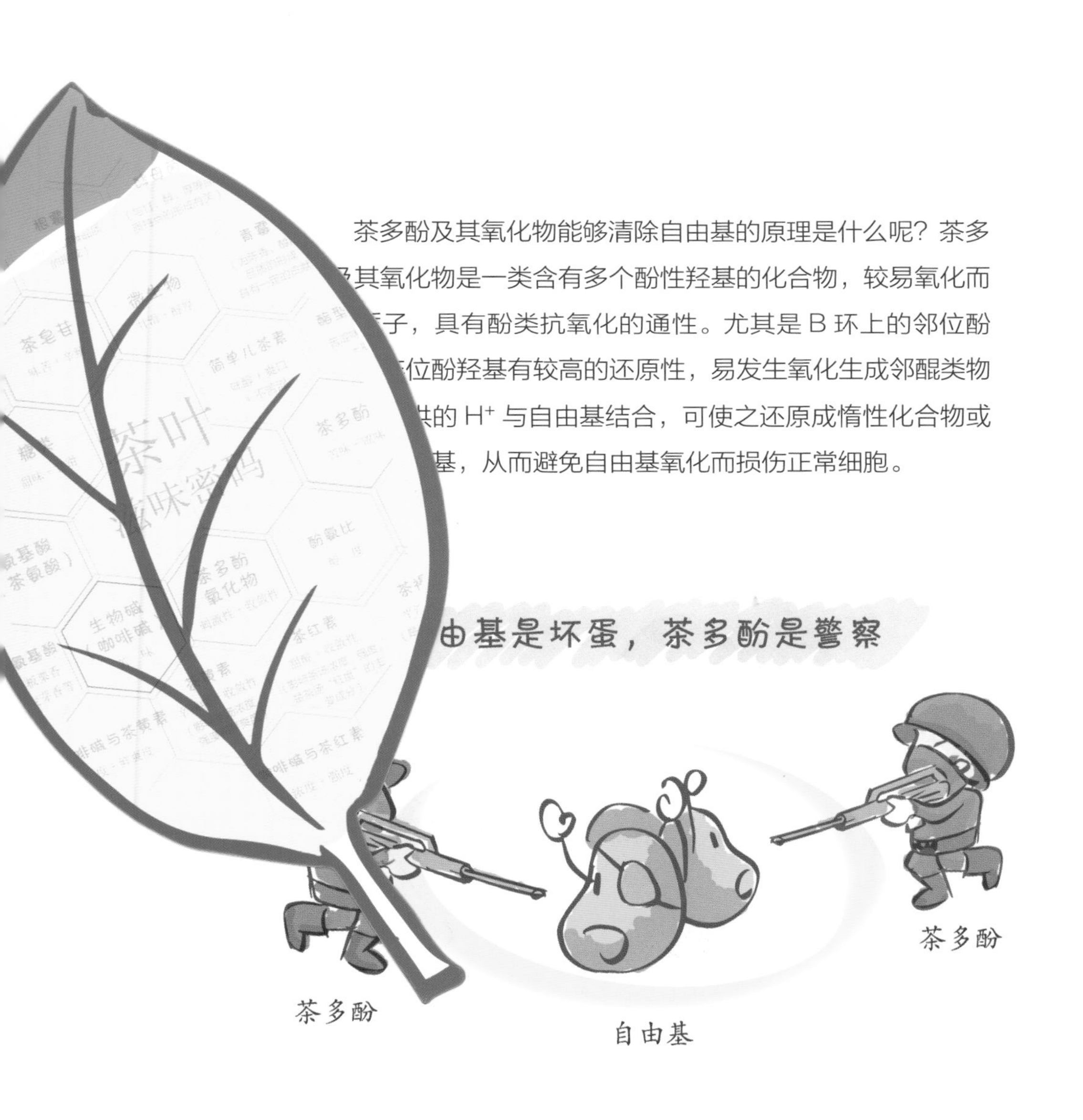

诸多的医学实验已经证明，茶多酚是癌症的克星。我们看看茶多酚抗癌的机理是什么？茶多酚及其氧化物有极强的清除有害自由基，阻止脂质过氧化的作用。同时，茶多酚及其氧化物可以诱导人体内代谢酶的活性增高，促进致癌物的解毒，抑制和阻断人体内源性亚硝化反应，防止癌变和基因突变。抑制致癌物与细胞 DNA 的共价结合，防止 DNA 单链断裂，提高肌体的细胞免疫功能。

茶多酚
是
癌症的克星

2. 防治高血脂症引起的疾病

（1）增强微血管的韧性、降血脂，预防肝脏及冠状动脉粥样硬化

茶多酚及其氧化物对血清胆固醇的效应，主要表现为：通过升高高密度脂蛋白胆固醇的含量，来清除动脉血管壁上胆固醇的蓄积，同时抑制细胞对低密度脂蛋白胆固醇的摄取，从而实现降低血脂，预防和缓解动脉粥样硬化的目的。

（2）降血压

人体肾脏有一个独特的功能，它能分泌两种物质来使血压保持平衡。这两种物质是"血管紧张素Ⅱ"和"舒缓激肽"。"血管紧张素Ⅱ"使血压增高，"舒缓激肽"使血压降低。当促进这两类物质转换的酶活性过强时，血管紧张素Ⅱ增加，血压就上升。茶多酚具有较强的抑制转换酶活性的作用，因而可以起到降低或保持血压稳定的作用。

（3）降血糖

糖尿病是由于胰岛素分泌不足和血糖过多而引起的糖、脂肪和蛋白质等的代谢紊乱。茶多酚及其氧化物对人体糖代谢障碍具有调节作用，降低血糖水平，从而有效地预防和治疗糖尿病。

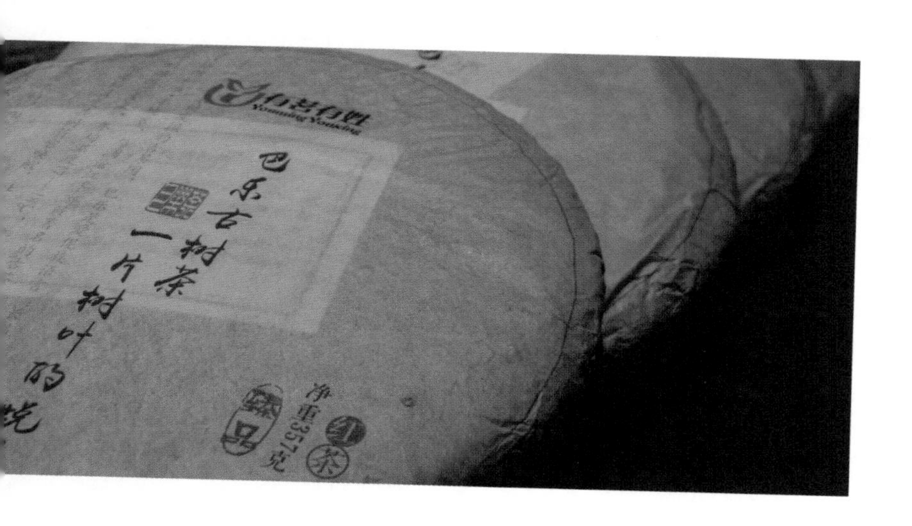

3. 其他保健治疗功效

（1）舒缓肠胃紧张、防炎止泻和利尿作用

便秘是中老年人的常见病，主要是由肠管肌肉收缩迟缓和长期精神紧张而引起。茶多酚具有刺激胃肠道反应，加速大肠蠕动以达到治疗便秘的效果。

茶多酚及其氧化物通过提高人体的综合免疫能力，抑制和杀灭引起腹泻的各种有害病原细菌，并舒缓肠胃的紧张状态，以达到消炎止泻的效果。

茶多酚中黄烷醇类化合物能够刺激肾血管舒张，增加肾脏血流量，从而增加肾小球的滤化率，使尿液中的乳酸获得排除。

人体肌肉、组织中的乳酸是一种疲劳物质，乳酸排出体外能使疲劳的肌体获得恢复。

（2）促进VC的吸收，防治坏血病，改进人体对铁的吸收，有效防止贫血

导致坏血病发生的主要原因是维生素C的缺乏，茶多酚及其氧化物能够促进人体对维生素C的吸收，从而能够有效地预防和治疗坏血症。

（3）防龋固齿和清除口臭的作用

茶多酚类化合物可以杀死在齿缝中存在的乳酸菌及其他龋齿细菌，具有抑制葡萄糖聚合酶活性的作用，使葡萄糖不能再聚合，这样病菌就不能在牙上着床，有效地中断龋齿的形成。

（4）助消化作用

茶多酚及其氧化物可以增强消化道的蠕动，因而也就有助于食物的消化，预防消化器官疾病的发生。另外，茶多酚化合物能以薄膜状态附着在胃的伤口上，而对溃疡创面起到保护作用。茶多酚对胃、肾、肝履行着独特的化学净化作用。

茶多酚的功效总结

1	抗癌、抗辐射、抗衰老	
2	防治 高血脂症 引起的疾病	增强微血管的韧性、降血脂 预防肝脏及冠状动脉粥样硬化
		降血压
		降血糖
3	其他保健 治疗功效	舒缓肠胃紧张 防炎止泻和利尿作用
		促进 VC 的吸收，防治坏血病 改进人体对铁的吸收 有效防止贫血
		防龋固齿和清除口臭的作用
		助消化作用

茶多酚

二、茶叶中生物碱的功能

茶叶中的生物碱，主要是咖啡碱、可可碱以及少量的茶叶碱。三种都是黄嘌呤衍生物。

早在半个多世纪以前，人们已经知道嘌呤类化合物能影响神经系统的活动，产生心血管效应，有兴奋、解痉、扩张血管等生理活性。

1. 茶叶中咖啡碱的功能

咖啡碱是一种甲基黄嘌呤，其最基本的生理功能就是对腺嘌呤受体的竞争性颉颃作用。由于咖啡碱存在于咖啡、茶、碳酸饮料、巧克力和许多处方与非处方的药物中，这就使得它成为一种较为普通的、具有兴奋性的药物。确切地说，咖啡碱可以升高血压、增加血液中的儿茶酚胺的含量、增强血液中高血压蛋白原酶的活力、提高血清中游离脂肪酸的水平、利尿和增加胃酸的分泌。

茶叶中咖啡碱的作用对人体有害吗？一段时期，人们认为饮用咖啡或含咖啡碱的饮料对人体是有害的，长期高量地摄入咖啡碱是一种不良的行为，不仅可以使自身对其产生依赖性或成瘾，而且可能引起机体功能失调，甚至产生各种疾病。但是，近期的一系列研究则表明，适量地摄入咖啡碱对人体有积极的影响。

正常人一天摄入多少咖啡碱才有危险？咖啡因的致命剂量大约是 10 克。加拿大健康部政府监管机构的一项研究认为，普通人一天摄入高达 400 毫克的咖啡碱，相当于 4~6 杯咖啡，不会出现如焦虑或心脏问题这些负面影响。

一天摄入的咖啡碱含量

致命剂量

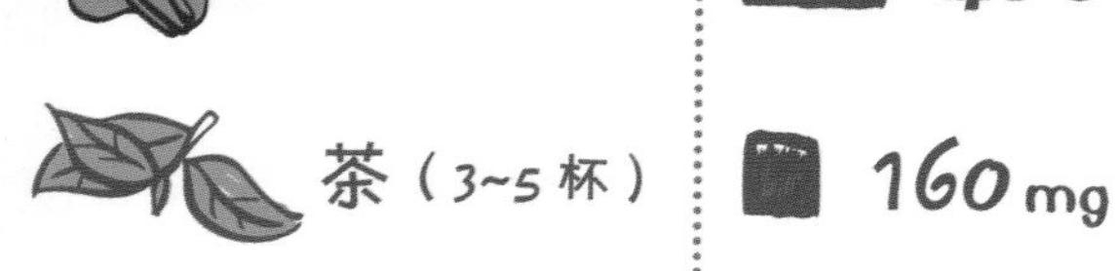

一项有 160 万人参与的调查研究表明，每天饮茶 3~5 杯，没有发生不良反应。以茶叶中的咖啡碱含量 (2%~4%) 及杯茶饮量 (3~4g) 计算，一杯茶中的咖啡碱含量均以最高量计算，也不过是 160 毫克，由于茶汤中内含物丰富，可溶性物质相互作用，只有很少一部分咖啡碱被人体吸收，进入到血液中。所以，实际摄入量远低于理论上的数，而且茶叶中的咖啡碱，在茶汤中是缓慢地逐渐溶出，不会对人体产生危害。相反，由于咖啡碱的化学性质，和茶多酚的抗氧化作用，对人体保健的防癌抗癌还具有协同作用。

10g

咖啡碱的主要功效

1	对中枢神经系统的兴奋作用
2	助消化、利尿的作用
3	强心解痉，松弛平滑肌的作用
4	影响呼吸，增加呼吸率
5	对心脑血管的影响 调节血管的收缩与扩张
6	促进代谢的影响

咖啡碱

2. 茶叶碱、可可碱的功能

茶叶碱、可可碱的作用与咖啡碱的功能相似，如具有兴奋，利尿，扩张心血管、冠状动脉等作用。但是，各自在功能上又有不同的特点。

3. 茶叶生物碱药理作用强弱比较

药理作用＼生物碱	咖啡碱	可可碱	茶叶碱
兴奋中枢神经系统及呼吸	+++	+	++
冠状动脉扩张	+	++	+++
兴奋心肌	+++	++	+
横纹肌松弛	+++	++++	++
兴奋骨骼肌	+++	++	+
平滑肌（支气管）松弛	+	+++	++
利尿	+	++	+++
相对毒性	+	++	+++

三、茶叶中的氨基酸功能

被加工的茶叶中，游离氨基酸的含量一般在 2%~5% 之间，共有 26 种，其中以茶氨酸含量最多。茶氨酸占茶叶干重的 1%~2%，占整个氨基酸的 50%。其次是人体所必需的苏氨酸、赖氨酸、蛋氨酸、亮氨酸、色氨酸、谷氨酸、苯丙氨酸、异亮氨酸、缬氨酸等。还有半胱氨酸、胱氨酸、精氨酸、组氨酸、丝氨酸、天门冬氨酸、甘氨酸等。这些氨基酸在人体内都具有很重要的生理作用。

1. 茶氨酸的功能

茶氨酸是茶叶的主要呈味物质之一。茶氨酸具有特殊的鲜爽味，能缓解茶叶的苦涩味，其含量与茶叶的品质成正相关，相关系数达到 0.787~0.876，是评价绿茶品质的重要指标。茶氨酸对于人体健康也有着重要的作用。

（1）镇静作用

咖啡碱是众所周知的兴奋剂，但人们在饮茶时反而感到放松、平静、心情舒畅。经证实，这主要是茶氨酸的作用。茶氨酸能平缓人们的情绪，让内心安静下来。

（2）提高学习能力和记忆力

在动物实验中，给小白鼠服用 3~4 个月茶氨酸后，对其进行学习能力测试。试验结果表明，服用茶氨酸的小白鼠能在较短时间内掌握要领，学习能力高于不服茶氨酸的小白鼠。

（3）降低血压的作用

在动物试验中，给有高血压症的大鼠注射茶氨酸，再检测时，发现大鼠的舒张压、收缩压以及平均血压都有所下降，降低程度与剂量有关，但心率没有大的变化；再拿血压正常的大鼠做同样的实验，发现茶氨酸对血压正常的大鼠没有影响，表明茶氨酸只对患高血压病的大鼠有降压效果。经研究表明：茶氨酸是通过调节脑中神经传达物质的浓度，来起到降低血压的作用。

（4）祛烟瘾和清除烟雾中重金属作用

中国科学院生物物理研究所研究发现，茶氨酸通过调节尼古丁受体和多巴胺释放，从而实现祛除抽烟人的烟瘾，对于戒烟很有帮助。最近又研究发现，茶氨酸对烟雾中的重金属包括砷、镉和铅具有显著的清除作用。

茶氨酸的功能	其他氨基酸的功能				
	苏氨酸	赖氨酸	组氨酸	半胱氨酸	胱氨
1. 镇静作用	对促进人体的生长发育都有重要作用			有助于人体对镁的吸收	有助于促 生长和防
2. 提高学习能力和记忆力 3. 降低血压的作用	能促进对钙和镁的吸收 有防治骨质疏松、佝偻病和贫血的作用			具有解毒和抗辐射作	
4. 祛烟瘾和清除烟雾中重金属作用	亮氨酸	组氨酸		谷氨酸	
	能促进人体细胞的再生 加速伤口的愈合			能与人体内的氨结合， 使血氨下降，治疗肝	

2. 其他氨基酸的功能

茶氨酸有强心、利尿、扩张血管、松弛支气管和平滑肌的作用。

苏氨酸、赖氨酸和组氨酸对促进人体的生长发育都有重要作用；同时能促进对钙和镁的吸收，因此有防治骨质疏松、佝偻病和贫血的作用。

蛋氨酸
正脂肪代谢 动脉粥样硬化
色氨酸
脑的神经传递 重要的作用

蛋氨酸能纠正脂肪代谢，防止动脉粥样硬化。

亮氨酸和组氨酸能促进人体细胞的再生，加速伤口的愈合。

色氨酸在大脑的神经传递中有重要的作用。

谷氨酸能与人体内的氨结合，使血氨下降，治疗肝昏迷。

半胱氨酸和胱氨酸具有解毒和抗辐射作用。前者有助于人体对镁的吸收；后者有助于促进毛发生长和防止早衰。

茶叶中氨基酸的含量，一般是高级茶多于低级茶。绿茶多于红茶，然后依次为白茶、黄茶、乌龙茶和黑茶。谷氨酸以绿茶中含量最多，其次是乌龙茶和红茶。茶氨酸以白茶中含量最多，其次是绿茶和乌龙茶。精氨酸以绿茶中含量最多，其次是红茶。

四、茶叶多糖的功能

茶叶中多糖的功能，主要讲的是茶多糖的功能。在中国和日本，民间都有用粗老茶医治糖尿病的传统。现代医学研究表明，茶多糖是茶叶治疗糖尿病时的主要药理成分。一般来讲，原料越粗老，茶多糖含量越高，即等级低的茶叶中茶多糖含量高。在治疗糖尿病方面，粗老茶比嫩茶效果要好。

1. 降血糖作用

糖尿病是以持续高血糖为其基本生化特征的综合病症。各种原因造成胰岛素供应不足或者胰岛素无法发挥正常生理作用，使体内糖、蛋白质及脂肪代谢发生紊乱，血液中糖浓度上升，就发生了糖尿病。口服或腹腔注射茶多糖具有降血糖效果，这个效果在投给后 10 小时左右出现。24 小时后降血糖效果消失。茶多糖与促进胰岛素分泌药物一同使用，能够增强药物的降血糖效果。

茶多糖的热稳定性差，开水泡茶会使茶多糖降解，而失去活性。所以糖尿病人泡茶，最好用低于 50℃的温水泡茶，这样茶汤中茶多糖含量高，活性强，对降血糖很有帮助。

▼ 温水泡茶示意

2. 降血脂作用

在动物实验中，给小白鼠喂茶多糖，能使血液中总胆固醇、中性脂肪、低密度脂蛋白胆固醇等浓度下降，高密度脂蛋白胆固醇都能增加。茶多糖能够通过调节血液中的胆固醇以及脂肪的浓度，起到预防高血脂、动脉硬化的作用。

茶叶多糖的主要功效

1	降血糖作用
2	降血脂作用
3	抗辐射作用

多 糖

3. 抗辐射作用

茶多糖具有明显的抗放射性伤害，保护造血功能的作用。小白鼠通过 γ 射线照射后，服用茶多糖能保持血色素平稳，红血球下降幅度减少，血小板的变化趋于正常。

随着科技的发展，大量电器进入家庭，人们接触电磁辐射的时间越来越多，多饮茶能够预防长时间、低剂量的辐射对人体造成的危害。另外，茶多糖还具有增强免疫功能、抗凝血、抗血栓、降血压等功能。

五、茶皂苷的功能

茶皂苷又名茶皂素，是可以让茶起泡沫的物质，植物中都含有这种皂苷（或称皂素）的物质。它是一种天然表面活性剂，可以用来制造乳化剂、洗洁剂、发泡剂等。茶皂素与许多药用植物的皂苷化合物一样，具有许多生理活性。

我们能看到茶皂苷吗？

泡茶时出现的白色泡沫就是茶皂苷。
北宋时点汤，日本的抹茶所追求的乳白色泡沫都是茶皂苷。

▲ 泡茶时产生的泡沫

1. 溶血性的误区

有些人认为，茶叶里含有茶皂素，而茶皂素有溶血性，对人体不好。这是一种错误的认识。

首先来说，茶皂素是皂苷化合物的一种，而不能代表皂苷化合物。茶叶中的茶皂素与大豆、人参的皂苷化合物一样，溶血活性很弱。其次，茶皂素对冷血动物毒性较大，对人类没有危害性。在急性毒性试验中，给老鼠口服高达 2000mg/kg 茶皂素，经过一周没发现毒性，并且试验鼠的体重、摄食量及其内脏、血液检查结果都无异常。

2. 抗菌、抗病毒作用

茶皂素对多种引发皮肤病的真菌类以及大肠杆菌有抑制作用。茶皂素对 A 型和 B 型流感病毒、疱疹病毒、麻疹病毒、HIV 病毒均有抑制作用。

3. 抗炎症、抗过敏作用

茶皂素具有明显的抗渗漏与抗炎症特征。在炎症初期阶段，能使毛细血管通透性正常化，对过敏引起的支气管痉挛、浮肿等有疗效，其效果与多种抗炎症药物相匹敌。

4. 抑制酒精吸收的作用

茶皂素有抑制酒精吸收的活性。在老鼠的试验中，给老鼠服用茶皂素后 1 小时再给其服用酒精，发现老鼠血液中、肝脏中的酒精含量都降低，血液中的酒精在较短时间中消失。因此，说明茶皂素能抑制酒精的吸收，促进体内酒精的代谢，对肝脏有保护作用。

5. 减肥作用

茶皂素有抑制胰脂肪酶活性的作用。茶皂素通过阻碍胰脂肪酶的活性，减少肠道对食物中的脂肪的吸收，从而有减肥的作用。

6. 洗发护发功效

茶叶中含有 10% 的茶皂素，而茶皂素的洗涤效果很好。以茶皂素为原料的洗发香波具有去头屑、止痒的功能，对皮肤无刺激性，令头发清新飘逸。茶叶可以护发，洗完头后把微细茶粉涂在头皮上，轻轻按摩，每天 1 次；或者把茶汤涂在头上，按摩 1 分钟后洗净，能够防止脱发，去除头屑。

7. 其他功效

茶皂素还有促进体内激素分泌、调节血糖含量、降低胆固醇含量、降血压等功效。

茶皂苷的主要功效

1	抗菌、抗病毒作用
2	抗炎症、抗过敏作用
3	抑制酒精吸收的作用
4	减肥作用
5	洗发护发功效 尤其能够防止脱发，去除头屑
6	促进体内激素分泌调节血糖含量、 降低胆固醇含量 降血压

茶皂苷

泡茶时你还刮沫吗？

用盖碗泡茶时，第一次冲水时，水面漂浮的白色泡沫，很多人认为是脏东西，应该把它刮掉，知道了它叫茶皂素，明白了它的功效，你还刮沫吗？

六大茶类风味因子的形成

茶叶在不同的加工过程中，内含物发生不同的变化，形成了各具特色的六大茶类。由于不同的茶叶鲜叶，内含物存在着差异性，也就有了风味因子的形成。

*** 本章部分内容摘选自宛晓春教授主编的《茶叶生物化学》（第三版）**

茶叶中主要的功能性成分与风味因子的关系

茶多酚	苦味和涩味	**酯型儿茶素**	苦涩味，刺激性、收敛性强
		简单儿茶素	味醇、爽口，不苦涩
		花青素	苦味，叶底呈靛蓝色 对茶叶品质不利
茶多酚氧化物	刺激性 收敛性 影响茶汤浓度	**茶黄素**	辛辣味、收敛性强 影响茶汤浓度、强度和鲜爽度 是茶汤“亮度”的主要成分
		茶红素	甜醇、收敛性较强 影响茶汤浓度、强度 是茶汤“红度”的主要成分
		茶褐素	是红茶汤“暗”的主因 与茶品质负相关
		茶红素 TR/茶黄素 TF	与茶汤浓度、强度负相关
氨基酸（茶氨酸）		鲜爽	
生物碱（咖啡碱）		苦味	
酚氨比		醇度	

<table>
<tr><td rowspan="3">糖类</td><td rowspan="3">甘滑</td><td>单糖</td><td>甜味、甘滑</td></tr>
<tr><td>双糖</td><td>甜味</td></tr>
<tr><td>可溶性果胶</td><td>浓稠度</td></tr>
<tr><td colspan="2">单糖与氨基酸</td><td colspan="2">香气（焦糖香、板栗香、大麦香或麦芽香等）</td></tr>
<tr><td colspan="2">单糖与茶多酚</td><td colspan="2">各种芳香物质</td></tr>
<tr><td colspan="2">咖啡碱与茶黄素</td><td colspan="2">强度、鲜爽度</td></tr>
<tr><td colspan="2">咖啡碱与茶红素</td><td colspan="2">浓度、强度</td></tr>
<tr><td rowspan="4">微生物</td><td rowspan="4">甘滑
醇厚</td><td>黑曲霉</td><td>为形成甘滑、醇厚的特色品质，奠定物质基础</td></tr>
<tr><td>青霉</td><td>对陈香、醇厚品质的形成具有一定的贡献</td></tr>
<tr><td>根霉</td><td>有利于甜香品质的形成</td></tr>
<tr><td>酵母菌</td><td>与甘、醇、厚等品质特点的形成有关</td></tr>
<tr><td colspan="2">茶叶皂素</td><td colspan="2">味苦而辛辣</td></tr>
</table>

一、绿茶

绿茶是六大茶类中名优茶最多的一类。绿茶有烘青绿茶、炒青绿茶、蒸青绿茶和晒青绿茶。

绿茶的加工工艺基本相同：**鲜叶、贮青、杀青、揉捻、干燥。**

茶叶的鲜叶里有一种多酚类氧化酶，专门氧化茶多酚的，正常情况下有细胞壁隔着，茶多酚和酶，各自待在自己的房间里。在揉捻的工序里，为了增加茶汤浓度，让茶汁部分外溢，就要揉搓鲜叶，这一揉搓，细胞壁就会破损，酶和茶多酚就会见面，它俩一见面就反应，茶多酚就会被氧化。为了更多地保留茶多酚含量，绿茶的第一道工序就是杀青，先杀死多酚类氧化酶的活性，不让它氧化茶多酚。而红茶的工艺里没有杀青，萎凋过后就揉捻，拆掉酶和茶多酚之间的墙。目的就是更多地让茶多酚氧化，产生大量的茶黄素和茶红素。

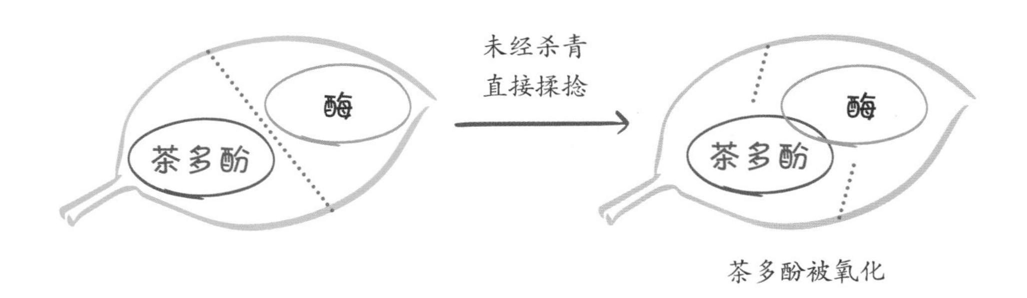

揉捻是通过外力揉搓茶叶，揉捻的目的有三个：第一是增加茶汤的浓度；第二是使茶叶卷曲成型，提高茶叶外观的润泽度；第三是促进内含物的进一步变化。

绿茶的干燥是迅速散失水分的过程，也是内含物迅速固化的一个过程。干燥的方式有炒干、烘干、晒干、阴干等。炒干的绿茶就叫炒青，烘干的绿茶就叫烘青，晒干的绿茶就叫晒青。每一种干燥方式，都会形成独特的风味因子。

品质优良的绿茶，香气鲜嫩清高，有嫩香或清香，汤色嫩绿明亮，滋味鲜爽浓醇，叶底嫩绿明亮。

“清汤绿叶”

汤色黄绿明亮，
香气清新，花香明显，
滋味鲜、浓、醇。

杀青过程

1. 绿茶在加工过程中功能成分的变化

（1）酶的热稳定性很差，当叶温升至 80℃以上时，多酚类氧化酶失去活性，被钝化了。

（2）茶多酚的形成

绿茶加工的特点是：在杀青过程中，利用高温使酶热变性，从而使茶多酚得以最大限度保留。

在叶温升至 80℃以前以及干燥过程中，受湿热作用，茶多酚会因异构、水解，并在残留多酚氧化酶的作用下，氧化聚合。所以，绿茶加工过程中茶多酚总量是下降的。

<1> 儿茶素在干燥过程中，会发生异构化作用。EGC 变成 GC，EGCG 变成 ECG，EC 变成 C，ECG 变成 CG。

<2> 儿茶素在湿热过程中，会发生水解。酯型儿茶素水解成游离型儿茶素。酯型儿茶素苦涩味重，收敛性强；游离型儿茶素爽口，先苦后甘，收敛性弱。酯型儿茶素适量减少，有利于绿茶滋味的醇和爽口。

<3> 儿茶素在高温、湿热、有氧的条件下，还可发生氧化聚合反应。如若结合残留多酚氧化酶，氧化聚合更快，生成橙黄色的聚合物。当氨基酸、蛋白质存在时，这些氧化聚合物可随机聚合形成有色物质，是形成绿茶叶底黄绿的成分，使叶底呈现黄绿色，从而改善品质。

（3）氨基酸的形成

贮青中的鲜叶，仍然是有生命的，它仍然在呼吸。其呼吸作用使得部分蛋白质水解，游离氨基酸增加，提高了茶叶滋味的鲜爽度。

杀青期间，受湿热的影响，氨基酸参与多种化学反应，含量下降明显。揉捻过程变化不大，但在干燥过程又有所上升。所以，从鲜叶到成品绿茶，氨基酸总量有所增加。

（4）咖啡碱的变化

从鲜叶到成品的绿茶，咖啡碱的含量总体有所下降。主要原因是干燥时，咖啡碱受热，有少部分会升华，所以略有损失。

（5）糖类的变化

贮青中的鲜叶，部分多糖会水解，水解成可溶性糖类，有利于茶汤滋味。淀粉、果胶物质水解成单糖、双糖和水溶性果胶。杀青时间和干燥时间的不同，可溶性糖的变化不一样。在正常范围内，时间越长，含量越高。杀青和干燥阶段，可溶性糖的总量有所增加。值得一提的是，在绿茶的初制过程中，可溶性果胶含量有所增加，制法不同，其含量也不同，鲜叶制成烘青，可溶性果胶含量增加 24.4% 左右，炒青时增加约 31.2%。所以，烘青绿茶的茶汤通常没有炒青绿茶的茶汤浓稠，原因就在此。

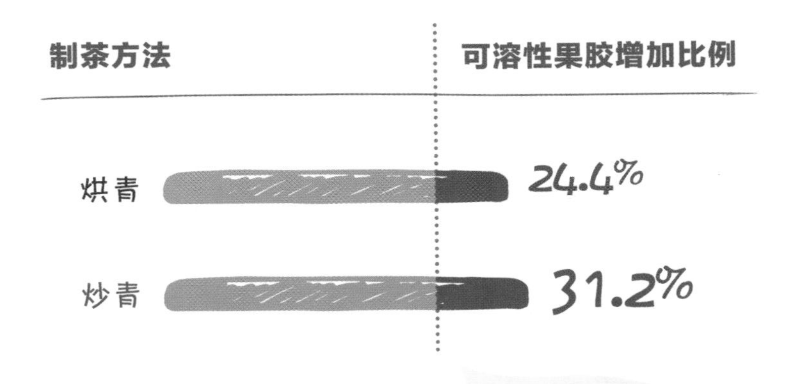

绿茶制造过程中，各物质的变化决定茶叶品质的形成。鲜叶经过贮青，也就是鲜叶采摘下来，杀青前，放在竹席上，适度摊放，会有部分蛋白质水解，从而增加游离氨基酸的含量。淀粉、果胶物质水解成可溶性糖（单糖和双糖）和水溶性果胶，茶多酚中的酯型儿茶素适量水解转变成非酯型儿茶素，使苦涩味降低。叶绿素部分水解，使绿茶叶底呈现出嫩绿色。

谁决定了绿茶的品质特点？

鲜爽度 ⟶ 氨基酸

醇度 ⟶ 氨酚比

比值低者（茶多酚有一定含量的基础上氨基酸含量较高者），绿茶的醇度较好。

浓度 ⟶ 茶多酚

酯型儿茶素	简单儿茶素
苦涩味 收敛性强	产生令人 爽口的感觉

杀青初期，随着温度的上升，茶多酚氧化酶的活性仍在逐渐增强，在湿热环境下，氨基酸含量会短暂增加。当叶温达 80℃以上时，酶失去活性。杀青阶段，低沸点的青草气物质挥发，新的芳香类物质形成。

在干燥阶段，具有青草气的低沸点挥发性物质继续挥发，高沸点的芳香物质多数得以保留。制作炒青绿茶时，还会产生 20 多种含氮的杂环类芳香物质，形成炒青特有的锅炒香型。干燥后期，某些氨基酸和糖缩合形成糖胺缩合物，发生糖类的焦糖化作用，有利于焦糖香的形成。

绿茶在加工过程中功能成分的变化

茶多酚	可溶性糖	氨基酸	咖啡碱
减少↓	增加↑	增加↑	减少↓

2. 绿茶风味因子的形成

（1）名优绿茶的品质特点

绿茶的特点是“清汤绿叶”，滋味鲜、浓、醇。

绿茶中鲜爽度的呈味因子主要是氨基酸；浓度的呈味因子主要是茶多酚；醇度与茶汤中茶多酚与氨基酸的比值密切相关。

茶汤中的酚类物质以儿茶素含量最高。其中酯型儿茶素呈苦涩味，收敛性强；简单儿茶素主要是产生茶汤中令人爽口的感觉。

绿茶的品质特点

茶汤：黄绿色

茶底：绿色

碧螺春

太平猴魁

龙 井

（2）绿茶风味因子的形成

茶汤中的呈味物质归纳起来可分为：糖类、氨基酸、茶多酚、咖啡碱、有机酸和茶皂苷等。其中以茶多酚、氨基酸和咖啡碱对茶叶品质影响最大。学者普遍认为，决定绿茶滋味品质的是酚氨比，即茶多酚与氨基酸的比例。

施兆鹏教授等研究认为，绿茶茶多酚含量在 20% 以内时，滋味得分与茶多酚含量呈显著正相关；茶多酚含量在 20%~24% 范围内，仍能保持茶汤浓度、醇度、鲜爽度的和谐统一。茶多酚含量进一步增加时，尽管茶汤浓度增大，但鲜醇度降低，苦涩味也加重。有研究认为，儿茶素总量与茶汤滋味评分的相关系数是 0.929。茶多酚对绿茶品质的影响是复杂的，由于其含量较高，是决定茶汤浓度的主要物质，因此不能用简单的正相关或负相关，来断言茶多酚对茶汤滋味的影响，应该从茶多酚的可溶性程度，茶多酚绝对含量，茶多酚与其他呈味物质特别是氨基酸比例的大小等多个角度综合分析。

谁决定了绿茶的等级？

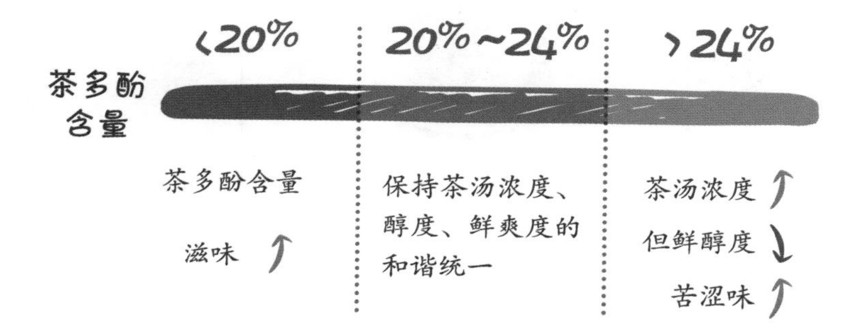

绿茶滋味要求醇和甘爽，其中甘和鲜爽的口感都与茶叶中的氨基酸有关。茶叶中的氨基酸种类很多，呈现的特点也不尽相同。含量最高的是茶氨酸，这也是茶叶中独有的一种氨基酸。有研究认为茶氨酸的含量与茶汤品质的相关系数为 0.787。

名优绿茶的酚氨比一般都围绕在 4~6 左右，但绿茶中安吉白茶除外。安吉白茶氨基酸含量很高，占干物质的 6% 左右，最高的甚至达到 9%，是普通绿茶的 3~4 倍；茶多酚含量则在 10%~14%，所以安吉白茶的酚氨比只有 1.6~2.3。

二、红茶

我国是红茶生产的发源地，早在16世纪末就发明了红茶。现在主要有工夫红茶、小种红茶、红碎茶等茶类。

不同种类的红茶，由于对外形和内质的要求不同，工艺技术的掌握各有其侧重点，但都要经**萎凋、揉捻（切）、发酵和干燥**四个基本工序。

1. 红茶在加工过程中功能成分的变化

（1）茶多酚的变化

在红茶发酵过程中，茶多酚整体减少，但仍保留一些未被氧化的多酚类物质，主要是残留儿茶素，主体是酯型儿茶素，这些成分溶于水，冲泡时进入茶汤，是形成茶汤浓度、强度不可缺少的部分。

大部分以儿茶素为主体的多酚类物质经多酚氧化酶、过氧化物酶的催化，生成茶黄素、茶红素和茶褐素。

<1> 茶黄素

当儿茶素邻醌与没食子儿茶素邻醌共存时，可配对生成茶黄素。迄今为止，已发现的茶黄素类物质已达 23 种。茶黄素的含量一般占红茶干物质的 1% ~ 5%。

茶黄素是红茶汤色“亮度”的主体成分，换句话说，红茶茶汤中的“亮度”是由茶黄素决定的，是形成茶汤“黄金圈”的最重要物质。

红茶里的“黄金圈”

茶黄素在茶汤中呈现橙黄色，含量越高，汤色越亮。茶红素是红色，优质的红茶茶汤会形成一个金黄色的外圈，俗称“黄金圈”。黄金圈的形成，主要是茶黄素在茶红素中体现的色度差。

<2> 茶红素

形成茶红素的途径有三种。第一种是，简单儿茶素或酯型儿茶素的直接酶促氧化。第二种是，茶黄素形成过程中中间产物的氧化。第三种是，茶黄素本身的自动氧化或偶联氧化。

茶红素是一类相对分子质量差异极大的复杂的红褐色酚性化合物，是红茶中含量最多的多酚类氧化产物，占红茶干物质总量的 6% ~ 15%。

茶红素色泽棕红，是红茶汤色“红度”的主要成分，也就是说，茶红素主导着红茶的“红度”。

茶红素也是形成汤味浓度和强度的重要物质，刺激性不如茶黄素，收敛性较茶黄素弱，滋味甜醇。茶红素也与茶汤中咖啡碱结合，容易形成“冷后浑”现象。

好红茶是啥味儿？

<3> 茶褐素

茶褐素是多酚类化合物的氧化物。色泽暗褐，滋味平淡，稍甜，量多会使茶汤味淡发暗，是红茶汤“暗”的主因，与红茶品质形成负相关。

（2）糖类物质的变化

茶鲜叶中的糖类物质包括多糖和可溶性糖类，前者主要是纤维素、半纤维素、淀粉和果胶物质等；后者则主要是一些单糖、双糖和少量寡糖类。

<1> 多糖类在红茶制造中的变化

纤维素、半纤维素几乎无变化，冲泡时经常不能被利用，营养价值不大。

淀粉难溶于水，冲泡时通常不能被利用，营养价值不大。但在红茶萎凋、发酵工序中，在淀粉酶作用下可被水解成可溶性糖。干燥过程的水热作用，淀粉还会热裂解。产生的可溶性糖类物质，对提高红茶的香气、汤色和滋味有一定意义。

果胶物质是一类具有糖类性质的高分子化合物，在红茶制造中，果胶物质发生了显著的变化。萎凋中鲜叶的原果胶含量较少，而水溶性果胶含量增加；在揉捻、发酵过程中，水溶性果胶急剧减少而原果胶却略有增加；进入干燥程序，原果胶略有下降，水溶性果胶则急剧下降。

红茶的品质谁来决定？

茶黄素TF	茶黄素（TF）的含量与红茶品质正相关， 含量越高，汤色越亮，刺激性越强， 与咖啡碱结合增强茶汤的浓度和鲜爽度
茶红素TR	是形成汤色“红”的主要成分， 也是形成汤味浓度和强度的重要物质， 与红茶品质正相关
茶褐素	是红茶汤“暗”的主因， 与红茶品质负相关
咖啡碱	与红茶品质的相关系数为0.859， 茶汤咖啡碱含量越高， 红茶的滋味越鲜爽
单糖	单糖增加，增进茶叶滋味。（正相关） 水溶性果胶溶解茶汤中， 增进汤浓度和甜醇滋味

<2> 可溶性糖在红茶制造中的变化

茶鲜叶中的可溶性糖包括一切单糖、双糖及少量的其他糖类。印度研究资料表明：可溶性糖在鲜叶中是 0.84%，萎凋叶增至 1.23%，发酵过程增加到 1.41%。这种变化规律与安徽农业大学对《祁红从鲜叶到成品茶加工》中分析的结果相一致。可溶性糖的增加，主要是单糖。由此可见，可溶性糖在红茶制造中的含量变化不同，这与制茶的外界条件等差异有关，也与红茶品类有关。

在叶组织内部，既存在多糖类水解的可溶性糖，也存在着单糖和双糖的分解及转化。前者表现为增加，后者为减少。

可溶性糖不仅是滋味物质，给茶汤带来甜醇的味道，而且在红茶的制造过程中，可发生焦糖化作用，对红茶乌润色泽和香气的形成有重要作用。

（3）蛋白质、氨基酸的变化

茶鲜叶中，含氨基的化合物主要有蛋白质和游离氨基酸，在红茶制造过程中，蛋白质发生水解和络合，含量减少。

氨基酸在红茶制造中的变化则比较复杂，在萎凋阶段明显增加，以后各工序又逐渐减少。氨基酸在萎凋、揉捻和发酵阶段经脱羧、脱氢等途径，可生成多种香气物质，如醇醛类香气物质，吡嗪类、吡咯类香气物质等。此外，氨基酸还参与茶红素的形成。

（4）咖啡碱的变化

从鲜叶到成品的红茶，咖啡碱的含量总体有所增加。咖啡碱是相对稳定的物质，但红茶发酵过程中，在湿热的环境下，咖啡碱含量有所上升。红茶干燥时，咖啡碱受热，有少部分会升华，略有损失。

红茶在加工过程中功能成分的变化

茶多酚	可溶性糖	氨基酸	咖啡碱
减少↓	工夫红茶、小种红茶增加↑ 红碎茶减少↓	减少↓	增加↑

2. 红茶风味因子的形成

（1）红茶的品质特点

红茶的特点是红汤红叶，内质滋味讲究：浓、强、鲜，带“金圈”。

（2）红茶风味因子的形成

影响红茶品质高低的决定因素是：茶黄素 TF、茶红素 TR、茶褐素 TB 的含量及组成比例。TF 和 TR 比例较大（TF>0.7%,TR>10%,TR/TF=10 ～ 15 时），TB 较少时，红茶品质优良。如 TF 少，汤的亮度差。TR 少，汤红浅，说明发酵不足。TB 多，红暗不亮，说明发酵过度。

谁决定了红茶的等级?

TB较少，TF和TR比例较大（TF >0.7%, TR >10%, TR/TF = 10 ~ 15时）		
红茶品质优良		
TF少	TR少	TB多
汤的亮度差	汤红浅 说明发酵不足	红暗不亮 说明发酵过度

注：TF = 茶黄素、TR = 茶红素、TB = 茶褐素

茶黄素：主宰着茶汤的“亮度”，含量越高，汤色越亮，品质越好，是形成“黄金圈”的主要物质。

茶红素：主宰着茶汤的“红度”，也是形成汤味浓度和强度的重要物质，与红茶品质正相关。

茶褐素：主宰着茶汤的“暗度”，与红茶品质负相关。

咖啡碱含量多少与红茶品质的相关系数为 0.859，在红茶的茶汤中，咖啡碱含量越高，红茶的滋味越鲜爽。

咖啡碱能与多酚类化合物，特别是与多酚类的氧化产物茶红素、茶黄素形成络合物，这种络合物不溶于冷水而易溶于热水。当茶汤冷却之后，便出现乳酯状沉淀，这种络合物便悬浮于茶汤中，使茶汤混浊成乳状，称为“冷后浑”。这种现象在高级茶汤中尤为明显，说明茶叶中有效化学成分含量高，是茶叶品质良好的象征。

三、乌龙茶

乌龙茶制造过程的化学变化，具有红茶的某些特征。比如多酚类发生酶促氧化，蛋白质、纤维素和果胶的水解，以及叶绿素的破坏等等。另一方面，由于制造原料和工艺不同，这些变化又有其自身的特点，从而决定了乌龙茶独特的品质。

乌龙茶的初制工艺：**晒青、凉青、做青、杀青、揉捻、烘焙。**

乌龙茶制作工艺复杂，茶类品种多，发酵程度在 10% 到 70% 之间，所以乌龙茶又称部分发酵的茶类。它是介于绿茶和红茶之间的茶类。现在大部分的安溪铁观音，发酵程度都在 20% 左右；台湾的包种茶是发酵程度最轻的乌龙茶，发酵程度在 10% 左右；台湾冻顶乌龙发酵程度在 25% 左右，台湾铁观音在 50%~60% 之间，大红袍、白毫乌龙、凤凰单枞发酵程度在 60%~70%。乌龙茶加工过程中，功能性物质变化大，风味因子主要表现在香气和滋味两方面。

乌龙茶各加工工序的作用

工序	晒青	做青	杀青	揉捻	干燥
阶段	失水	酶促氧化	湿热阶段	塑型阶段	定型阶段
作用	萎凋	半发酵和半萎凋	破坏酶的活性	茶汁外溢	热物理化学作用
地位	基础	关键	固定	外形和茶汤浓度	固定与发展品质

1. 乌龙茶在加工过程中功能成分的变化

（1）茶多酚的变化

多酚氧化酶和过氧化物酶活性从晒青阶段开始，就逐步增强，一直到做青的前期阶段，达到最高值，而后逐步下降。在这个由弱到强再到弱的过程中，儿茶素含量大幅度降低，茶黄素、茶红素和茶褐素的含量则持续升高。多酚类总量在乌龙茶初制过程中逐渐降低，全过程降低 33% 左右。

做青是乌龙茶品质形成的关键工序。摇青阶段，鲜叶之间来回碰撞、摩擦，破坏了叶缘细胞组织，从而有利于酶活性的提高和多酚类的氧化。茶黄素、茶红素和茶褐素在做青过程中，明显上升，最终形成了“红边”的外观特征。

（2）蛋白质、氨基酸和糖类物质的变化

氨基酸、水溶性糖类在晒青阶段有明显增加。做青过程，多糖部分水解，可溶性糖类含量增加，在某一阶段达到峰值，但随着做青强度的增加，氨基酸、可溶性糖又呈下降趋势。成品茶时，氨基酸和可溶性糖的含量是增加的。

（3）咖啡碱的变化

从鲜叶到成品的乌龙茶，咖啡碱的含量总体有所下降。咖啡碱是相对稳定的物质，但干燥时，咖啡碱受热，有少部分会升华，略有损失。尤其是闽北乌龙茶的后期焙火工艺，对咖啡碱的变化影响很大。每焙一次火，咖啡碱都会一部分升华。所以，在品鉴高焙火的岩茶时，基本感觉不到苦涩味。有时候，用杯子泡很长时间茶，都感觉不到苦味，是因为岩茶的咖啡碱含量低。但如果泡其他茶类，就会感觉明显的苦味。

（4）芳香物质的变化

乌龙茶的晒青、摇青工艺，使得芳香物质在数量和种类上都有很大的增加。低沸点的青气成分在晒青、杀青过程中，继续挥发或转化，高沸点的花果香成分进一步显露。在杀青过程中，这些成分基本固定下来。同时，通过部分发酵作用也会产生大量新的芳香物质。

乌龙茶在加工过程中功能成分的变化

茶多酚	咖啡碱	氨基酸	可溶性糖	芳香物质
茶多酚减少 茶多酚氧化物增加	随干燥次数的增加而减少	稍有增加		种类增加

2. 乌龙茶风味因子的形成

（1）乌龙茶的品质特点

干茶砂绿油润，汤色橙黄明亮，香气有花香或果香，滋味浓醇爽口，有韵味，回甘明显，叶底绿心红边。

（2）乌龙茶风味因子的形成

谁来决定乌龙茶的品质？乌龙茶是介于绿茶和红茶之间的茶类，属于部分发酵茶。乌龙茶的品质或者说风味主要由茶多酚的氧化适度来决定，也就是说适度的茶多酚和茶多酚氧化物的含量比主导着乌龙茶的品质。另外，叶绿素、可溶性糖、氨基酸的转化也很重要。

砂绿油润的颜色形成的机理是什么？乌龙茶采摘的是新梢的二三叶，这样的叶片颜色较深，叶绿素含量较高。加工时，“走水、还阳”适度，叶绿素和脱镁叶绿素部分降解，少量的多酚氧化物生成，便有了“红点明，砂绿油润”的颜色。

橙黄明亮的汤色是如何形成的？适度发酵，茶汤颜色以茶黄素为主，茶红素和花黄素为辅，便会呈现橙黄明亮的汤色。发酵过度，茶红素、茶褐素积累过多，汤色偏红趋暗；发酵过青，汤色淡而泛青。

乌龙茶的花香和果香：做青的工艺，使得芳香物质达到500 多种。清香型的乌龙茶发酵程度较轻，有花香味，以兰香为最好；浓香型的发酵程度较重，多具有果香味。

形成乌龙茶滋味浓厚鲜爽的主要原因：丰富的可溶性物质，以及茶黄素、茶红素、残留的儿茶素、可溶性糖、氨基酸、咖啡碱的合理配比。如果发酵过度，或鲜叶粗老，滋味会变寡变薄；反之，茶汤苦涩单调。

乌龙茶风味因子的形成主要由三个方面决定：一是由茶树品种决定，比如铁观音、黄金桂、单枞、肉桂、金萱风味各不相同；二是生长环境决定，特殊的区域环境，会产生其特有的物质比例，比如大红袍、阿里山乌龙茶等；三是由加工工艺决定，加工过程中，各物质的转化会决定茶叶的独特品质。

谁决定了乌龙茶风味因子的形成？

茶树品种	生长环境	加工工艺
铁观音 黄金桂 单枞 肉桂 金萱 风味各不相同	特殊的区域环境 会产生其特有的 物质比例	加工过程中 各物质的转化 会决定茶叶的 独特品质

总结

香味	内质香气馥郁芬芳
滋味	浓、醇、鲜爽，有独特的韵味
加工工艺	部分发酵，以多酚类氧化和相关色素形成为“发酵”特征的化学反应被控制在鲜叶局部和一定变化范围内
风味因子的形成因素	1. 品种 2. 生长环境 3. 加工工艺

四、黑茶

黑茶是我国六大茶类之一，也是我国边疆少数民族日常生活中不可缺少的饮料。

黑茶初加工基本工序：**杀青、揉捻、晒干、渥堆、干燥。**

传统黑茶加工的鲜叶原料较为粗老，多为春茶尾或夏茶，一般采摘 1 芽 4、5 叶新梢。

常见的黑茶有黑毛茶、普洱茶（分为散茶和紧压茶）、青砖茶、茯砖茶、六堡茶等。

1. 黑茶在加工过程中功能成分的变化

（1）茶多酚的变化

鲜叶经高温杀青后，多酚氧化酶完全失去活性。渥堆过程中，微生物分泌大量的胞外酶，它们的活性随渥堆进程而逐步加强。

在黑茶渥堆过程中，微生物发挥重要的作用，茶叶中多酚类物质在微生物的作用下，发生了很多的变化。周红杰教授研究表明：微生物产生多酚氧化酶，能有效地引起多酚类物质发生变化，多酚类物质减少了 50%~70%，其中儿茶素减少了 70%~80%，使茶汤中的收敛性和苦涩味明显降低。TB 含量显著增加；TF、TR 在渥堆过程中急剧下降。渥堆过程中茶多酚含量的变化见下图。

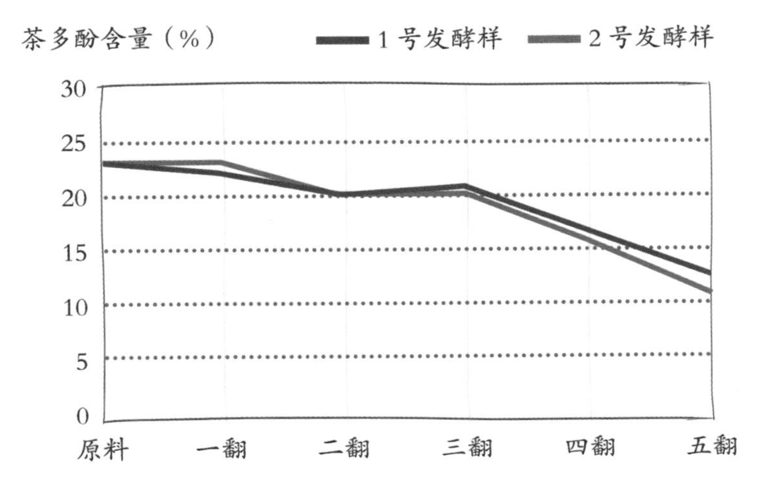

由于渥堆中的微生物活动旺盛，其释放的多酚氧化酶在一定程度上加速了儿茶素的氧化聚合。部分儿茶素经微生物分泌的多酚氧化酶氧化聚合形成 TF、TB、TR 有色物质。

（2）蛋白质、氨基酸和糖类物质的变化

渥堆过程中，茶叶中的主要含氮化合物在微生物的作用下发生了复杂变化。氨基酸总量减少，其中茶氨酸、谷氨酸和天门冬氨酸的含量急剧降低，而人体必需的赖氨酸、苯丙氨酸、亮氨酸、异亮氨酸、蛋氨酸、缬氨酸等明显增高。这说明微生物降解了茶叶中三种大量氨基酸（茶氨酸、谷氨酸和天门冬氨酸），又通过水解蛋白质生成了茶叶中含量较低的氨基酸，尤其是人体必需的氨基酸。因此，氨基酸总量虽然是呈下降趋势，但黑茶的营养价值提高了。另外，三种大量氨基酸（茶氨酸、谷氨酸和天门冬氨酸）还可作为香气物质形成的先质参与黑茶香气的形成。

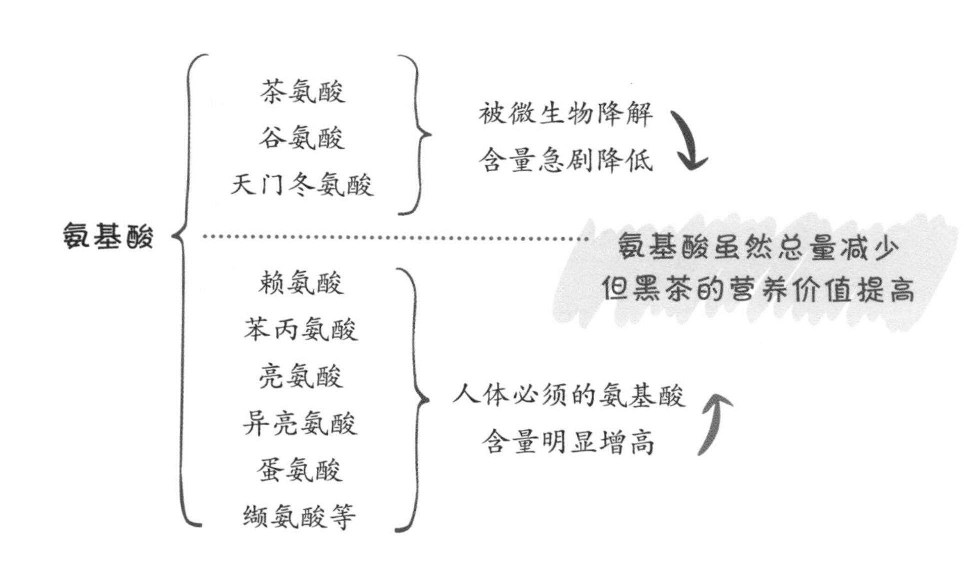

纤维素酶、果胶酶和蛋白酶等水解或裂解酶类较为活跃，尤其是纤维素酶最为旺盛。

在黑毛茶的渥堆过程中，茶叶本身含有的可溶性的糖是有限的。但是微生物为了生长发育，进行新陈代谢，分泌了大量的胞外酶，有助于不溶性糖分解为可溶性糖。肖纯等研究表明：总糖含量在传统渥堆前期是呈明显上升趋势，中期呈缓慢下降趋势，后期仍缓慢下降，整个曲线呈单峰曲线。这种波动与微生物繁殖由盛转衰有关。可溶性糖的含量随渥堆进程呈现波动变化，但总趋势是减少的。

（3）咖啡碱的变化

从鲜叶到成品的黑茶，咖啡碱的含量总体稍有增加。黑茶渥堆过程中，在湿热的环境下，咖啡碱含量有所上升。干燥时，咖啡碱受热，有少部分会升华，略有损失。咖啡碱在黑茶初制中呈现先降后升的变化趋势，可可碱、茶叶碱的含量也有所增加。

（4）微生物的变化

黑茶制造过程中，鲜叶上黏附的微生物经高温杀青后，几乎全被杀死，在以后的加工工序中又重新黏附上空气中新的微生物。渥堆 3 小时，微生物逐渐增多。

黑茶在渥堆中微生物群落主要是酵母、霉菌和细菌。其中以酵母菌最多；霉菌则以黑曲霉占优势，其次为青霉；细菌为无芽孢短小杆菌等。因为霉菌能利用各种多糖作碳源，它们代谢的结果产生了大量的双糖和单糖，使酵母菌有了足够的营养，于是迅速繁衍。霉菌和酵母菌大量繁衍的结果，抑制了细菌的生长。

黑茶在加工过程中功能成分的变化

茶多酚	咖啡碱	氨基酸	可溶性糖	微生物
减少↓ 茶多酚氧化物增加	增加↑	减少↓	减少↓	增加↑

2. 黑茶风味因子的形成

（1）黑茶的品质特点

高品质黑茶香气纯正，滋味醇和而甘甜。

（2）黑茶风味因子的形成

在微生物的作用下，多酚类物质一系列的变化，塑造了黑茶醇和的滋味品质特征。

咖啡碱与多酚类氧化物的中和，构成了茶汤的浓度。

可溶性糖含量变化表现先降后升，形成成茶品质甘滑。尤其是水溶性果胶的增加，提升了茶汤的黏稠度。

游离型单糖和双糖能溶于水，具有甜味，是构成茶汤浓度和滋味的重要物质。除构成滋味外，还参与香气的形成，火功掌握适当，糖分本身发生变化并与氨基酸等物质相互作用，增加茶汤的焦糖香。

谁决定了黑茶的品质特点？

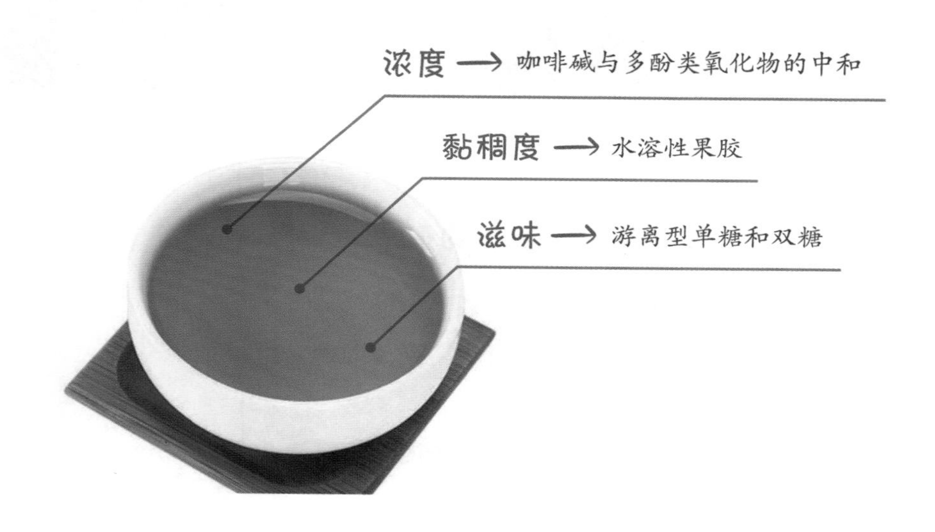

黑曲霉是一种公认的安全可食用性霉菌。渥堆过程中，黑曲霉是以优势菌群作用于渥堆叶，尤其在渥堆发酵的早期、中期较多，后期较少。黑曲霉代谢产生的有机酸（苹果酸，酒石酸，乙酸，柠檬酸等）等为形成黑茶甘滑、醇厚的品质特色奠定物质基础。

青霉是渥堆发酵中后期的优势菌群，对杂菌、腐败菌有很好的消除和抑制生长的作用。对于黑茶的品质，尤其是对普洱熟茶的陈醇形成具有一定的好处。

根霉分泌的淀粉酶的活力很高，能产生有机酸，还能产生芳香的酯类物质。由于根霉分泌果胶能力强，在黑茶的加工中，生成一定数量的根霉，有利于茶汤甜香品质的形成。但渥堆中根霉滋生得太多，会造成茶叶的软化，甚至腐烂。

酵母菌在渥堆发酵早期较少，中后期较多。普洱熟茶渥堆的中后期，酵母菌是优势菌群。在渥堆发酵过程中，对于酵母菌的数量要控制得当。适当的酵母菌群有利于形成黑茶的甘、醇、厚等品质特点。但是，如果控制不当，就会形成辣、刺、叮、麻、挂、锁、酸等不利的物质，降低茶叶的品质。

微生物对黑茶滋味的影响

	早期	中期		后期
渥堆阶段性主导	早期和中期	中后期		
霉菌	黑曲霉	青霉	根霉	酵母菌
适度的益处	甘滑醇厚	陈味和醇味	茶汤黏稠	甘、醇、厚
过度的害处	过酸	口味单薄	芽叶腐烂	辣、刺、叮、麻、挂、锁、酸

五、黄茶

绿叶变黄，对绿茶来说是品质上的缺点，而对黄茶来说，则要促进其变黄，这是黄茶制造的特点。黄茶对于绿茶而言，增加了一个闷黄的工艺，闷黄是热化作用，是形成了黄茶独特的品质的主要因素。

黄茶制作基本工序：**鲜叶、杀青、揉捻、闷黄、干燥。**

1. 黄茶在加工过程中功能成分的变化

闷黄的热化作用包括两个方面：一是湿热作用，主要是引起叶内成分发生一系列氧化、水解作用，这是形成黄汤黄叶，滋味醇浓的主要原因（杀青和闷黄阶段）；二是干热作用，以发展黄茶的香味为主。

闷黄与否对其产品化学成分含量的影响

（龚永新等，2000）

处理	氨基酸（%）	茶多酚（%）	咖啡碱（%）	EGC (mg/g)	EC (mg/g)	EGCG (mg/g)	ECG (mg/g)	儿茶素总量 (mg/g)
鲜叶	3.85	26.42	5.33	40.23	54.96	79.99	8.25	183.43
黄茶	3.96	25.39	4.16	42.58	44.07	65.71	12.52	164.88
绿茶	3.80	25.51	3.99	40.18	38.62	78.98	8.68	166.46

▼ 黄茶的冲泡效果

（1）茶多酚的变化

黄茶的杀青方式与绿茶不同，黄茶杀青是多闷少抛。借热闷作用，破坏叶绿素，促使叶色黄变。多酚类化合物产生自动氧化，减少茶汤苦涩味。引起大分子物质分解，有利于氨基酸和单糖的形成，为茶汤滋味的形成打下基础。

低温烘炒：水分蒸发缓慢，多酚类物质和叶绿素等物质在湿热作用下进行缓慢转化，促进黄叶黄汤的进一步形成。

高温烘炒：固定已形成的黄茶品质。同时，干热作用下，酯儿茶素裂解为简单儿茶素，进一步增加黄茶的醇和。

远安鹿苑茶闷黄过程中多酚及儿茶素含量的变化

（龚永新等，2000）

闷堆时间	多酚类总量（%）	EGC (mg/g)	EC (mg/g)	EGCG (mg/g)	ECG (mg/g)	儿茶素总量 (mg/g)
15 min	25.78	38.82	49.64	83.55	8.56	180.57
6 h	24.91	41.37	49.24	80.56	9.20	180.37
9 h	24.55	39.58	49.05	74.43	9.43	171.49
12 h	21.18	37.40	36.71	73.69	7.17	155.97

（2）蛋白质、氨基酸和糖类物质的变化

黄茶在闷黄过程中，受湿热作用，多糖、蛋白质水解形成单糖及氨基酸。在黄茶干燥过程中，由于热的作用，糖类、氨基酸和茶多酚等化合物相互作用形成芳香物质，有所减少。

（3）咖啡碱的变化

在黄茶加工中，咖啡碱含量减少幅度可达 21.96% 左右，但在闷堆中其总量变化却很小，增减幅度在 1.89 % ~ 5.71 % 之间。这些变化也有利于形成黄茶品质。

（4）微生物的变化

据安徽农业大学测定，黄茶经杀青后，多酚酶和过氧化物酶的活性已完全破坏。但在闷黄过程中又出现酶活性的回升。湖南农业大学通过研究发现：在闷黄过程中，微生物类群和数量发生变化，闷黄早期霉菌最先发展，中后期以酵母菌为主，细菌数量逐渐下降。尤其值得注意的是，黑曲霉数量的增加，导致多酚氧化酶活性的回升，而事实上不是茶叶内含酶的复活，而是微生物提供的外源酶的结果。

另外，黄茶闷堆过程中，多种微生物大量滋生，且随闷堆时间延长而增加，特别是酵母菌、黑曲霉、根霉。研究认为这几种微生物大量滋生，会给黄茶闷堆增加多种胞外酶，而酵母菌大量滋生，能分解许多大分子物质，比如糖类物质和粗脂肪等，有利于增加茶汤的可溶性物质。

黄茶在加工过程中功能成分的变化

茶多酚	咖啡碱	氨基酸	可溶性糖
减少↓ 茶多酚氧化物增加	减少↓	增加↑	变化不大

2. 黄茶风味因子的形成

（1）黄茶的品质特点

黄叶黄汤，香气清悦，醇厚鲜爽。

（2）黄茶风味因子的形成

闷黄过程适度，茶叶会发出浓郁香气，青草气味消失，茶香显露，叶色转黄绿而有光泽。这个过程中，多酚类物质通过水解和自动氧化作用，减少了苦涩味成分，使黄茶呈现出特有的金黄色泽和醇爽滋味。

具有甜味的可溶性糖在闷黄中略有增加，主要是闷黄过程中，多糖在湿热条件下转化所致。

另外，高温烘炒有利于香气的进一步完善。干热作用下，糖转为焦糖香物质；氨基酸受热转化为挥发性醛类，低沸点芳香物质在较高温度下部分挥发，高沸点芳香物质由于高温作用而显露出来。部分青叶醇发生异构化，转为清香。

黄茶的香气是如何形成的？

糖 ····干热作用下····> 转化为焦糖香物质

氨基酸 ····受热····> 转化为挥发性醛类

低沸点芳香物质 ····高温····> 部分挥发

高沸点芳香物质 ····高温····> 显露出来

青叶醇 ····异构化····> 清香

六、白茶

白茶，是因为外表披满银白色的茸毫而得名。要求鲜叶“三白”，即嫩芽和两片嫩叶满披白色茸毛。新茶以有毫香、花果香为好，老茶以枣香、药香为好，新茶汤色橙黄明亮，滋味清甜醇爽；老茶汤色红褐明亮，滋味醇厚甘甜。

白茶初制：**萎凋、干燥。**

鲜叶“三白”

嫩芽：披满白色绒毛

两片嫩叶：披满白色绒毛

1. 白茶在加工过程中功能成分的变化

白茶的物质变化主要发生在萎凋工序。萎凋时间较长，萎凋叶失水同时发生一系列复杂的理化变化，逐步形成白茶滋味鲜爽微甜、毫香显露的特有品质风格。

白茶的萎凋过程，鲜叶在一定的温湿度和光照条件下，随着水分的逐步散失，叶细胞内含物浓度的改变，激发了各种酶的活性，引起了有机物质的分解，从而促使了各种成分的变化。

（1）茶多酚的变化

白茶没有经过揉捻，所以酶与多酚类物质未能充分接触。白茶制造中，多酚类物质发生的是缓慢、少量的氧化变化。但是萎凋过程中，由于水分的散发，叶细胞的内含物浓度发生改变，使得细胞液的 pH 值降低，酸性增强。当降到 5.1—6.0 时，激发了酶的活性，多酚氧化酶和一部分水解酶如淀粉酶、糖苷酶、原果胶酶、蛋白酶等活力旺盛。

萎凋过程中，多酚氧化酶活性的提高，儿茶素的部分氧化，这有利于减轻茶汤的苦涩味，使白茶滋味较为醇和。

另外，多酚类物质缓慢氧化产物可氧化叶绿素，引起叶绿素的氧化降解，使得白茶逐渐变成灰绿色。

（2）蛋白质、氨基酸和糖类物质的变化

萎凋初期，因蛋白质水解，氨基酸含量增加；萎凋中后期，邻醌与氨基酸作用生成醛，为白茶提供香气来源，此阶段氨基酸含量下降；萎凋后期邻醌的形成被抑制，氨基酸有所积累。总的来说，氨基酸的积累有利于增进白茶滋味的鲜爽度；同时也为干燥过程中香气物质的形成提供基础。

萎凋过程中，淀粉在淀粉酶的作用下，水解成单糖和双糖；果胶在果胶酶的作用下水解生成甲醇与半乳糖。随着萎凋进程，糖一方面因氧化和转化而消耗，另一方面因淀粉、果胶水解而增加。在糖的生成与消耗的动态平衡中，其总量趋于减少。但在萎凋末期，可溶性糖的含量又有所提高。萎凋末期糖的积累有益于增进白茶滋味及干燥期间香气的形成。

（3）咖啡碱的变化

在白茶萎凋过程中咖啡碱含量变化不大，但在干燥过程中，咖啡碱受热有部分升华，所以咖啡碱总量在加工过程中有所减少。

白茶在加工过程中功能成分的变化

茶多酚	咖啡碱	氨基酸	可溶性糖
减少↓	减少↓	增加↑	增加↑

2. 白茶风味因子的形成

（1）白茶的品质特点

高品质白茶，滋味鲜爽、微甜，毫香或花果香显露。咖啡碱和氨基酸的含量较高，而水浸出物和茶多酚的含量较低。

（2）白茶风味因子的形成

白茶色泽要求银白灰绿，不能显红，所以萎凋过程必须控制各种环境条件。比如：温度、湿度、摊叶厚度等。萎凋过程中，茶多酚、叶绿素物质的变化，进行缓慢。产生的少许有色物质，与叶内其他色素成分合在一起，构成了杏黄或橙黄的汤色。

温度对白茶色泽的影响最突出，主要表现为：萎凋温度过高，叶绿素大量破坏，多酚氧化酶催化多酚类物质强烈氧化，容易使白茶色泽红暗；萎凋温度过低，叶绿素转化不充分，多酚氧化产物太少，缺乏形成灰绿色的协调成分，白茶色泽青绿。实践证明白茶萎凋最适宜的温度是 20~30℃，相对湿度 60%~80% 为宜。

在规定的温度、湿度条件下，萎凋时间的长短对品质的形成有直接的关系。萎凋过短，氧化不够，多酚类含量高，苦涩味重；时间过长，主要成分消耗多，滋味淡薄。

干燥是白茶提高香气、增进滋味的重要阶段。在此期间，由于高温作用，发生了一系列有利于白茶香气品质形成的化学变化。如一些带青草气的低沸点醛醇类物质挥发和异构化，形成带清香的芳香物质；氨基酸与茶多酚相互作用形成新的香气成分；糖与氨基酸的焦糖化作用，使香气提高等。

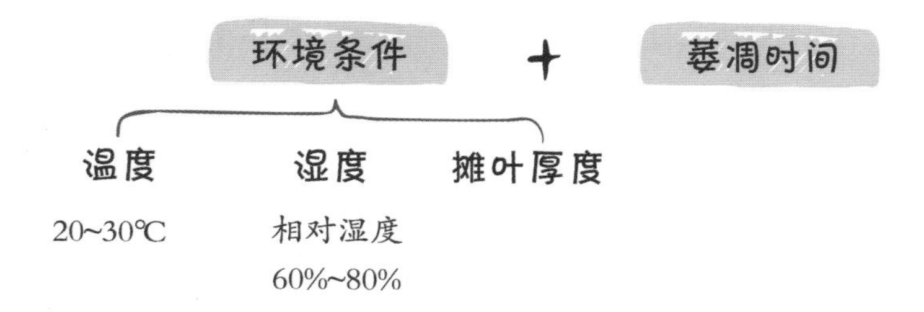

白茶的干茶色泽

为灰绿

不能显红为好

第五章

科学饮茶

一、科学饮茶不是现在提出来的

早在唐代，陆羽就已经开始倡导了。

《茶经》上说："采不时，造不精，杂以卉莽，饮之成疾。茶之为累，亦犹人参。上者生上党，中者生百济、新罗，下者生高丽。有生泽州、易州、幽州、檀州者，为药无效。况非此者，设服荠苨，使六疾不瘳。知人参为累，则茶累尽矣。"意思是：如果采摘的不是时候，制造得不精细，再夹杂些野草、败叶，喝了就会生病。茶和人参一样，产地不同，质量差异很大，甚至会带来不利影响。上等的人参出产在上党，中等的出产在百济、新罗，下等的出产在高丽。出产在泽州、易州、幽州、檀州的人参，品质最差，基本没有药用效果。更糟糕的是，倘若服用了荠苨这样的假人参，那么病就没办法好了。明白了对于人参的比喻，茶的不良影响，也就明白了。

人参是好东西，吃多了也不行，得什么病都吃人参也不行。茶就如同人参一样，都是好东西，但要科学地饮用。由此可见，科学饮茶的概念不是现在提出来的，早在唐代，陆羽就开始倡导了。

古人饮茶

二、饮茶的好处

饮茶不仅属于传统饮食文化，同时，由于茶中含有多种抗氧化物，对于消除体内自由基有一定的效果，因此，饮茶也有防衰老、养生等保健功能。而且茶叶中含有多种维生素和氨基酸，对于清油解腻、兴奋神经以及消食利尿也具有一定的作用。饮茶对于人体的好处很多，总结来说，主要有以下十个方面。

1. 提神、益思

其一是茶叶中的咖啡碱有兴奋神经、增进新陈代谢的作用；其二是茶汤中的茶氨酸能提高人的学习能力，增强记忆力；其三是茶叶中的芳香物质可醒脑提神，消除疲劳。

2. 利尿、通便

主要是茶中生物碱的作用。茶是使人体内各器官和细胞保持清洁的最佳清洗剂。

3. 固齿、防龋

茶多酚类化合物可杀死齿缝中能引起龋齿的病原菌，不仅对牙齿有保护作用，而且可去除口臭。

4. 消炎、灭菌

对流感病毒、肠胃炎病等有抗病毒作用。用茶水擦身或浴足，5~7 周后体癣、足癣的症状可消除。

5. 解酒、醒酒

对于轻度酒醉者而言，茶能醒酒；但对重度酒醉的人则会加重酒醉的程度。这里就简单解释一下：轻度醉酒的人，有解酒的功效。茶叶中含有丰富的维生素 C，维生素 C 是肝脏把血液中乙醇转化成水和二氧化碳的催化剂，另外一方面茶中的咖啡碱会加速肝脏的转化工作。所以有解酒之功效。但对于重度醉酒的人，因为茶中的咖啡碱会提高神经的兴奋度，加速心脏跳动，加重脏腑的负担。重度醉酒后，是不能喝浓茶的。

6. 减肥降脂、养颜美容

茶能涤净人体内的新陈代谢物，使人的皮肤更加光泽有弹性。

7. 保肝、明目

浙江中医院调查了 240 例老年性白内障患者，结果表明有饮茶习惯的老人，白内障的发病率仅为不常饮茶患者的 50%。医学家曾对 57 名慢性肝炎患者做过观察，他们用实验证明了经常饮茶，对慢性肝炎有明显疗效。

8. 防辐射、抗癌变

广岛原子弹爆炸后，对幸存者的调查发现，经常饮茶的人，不仅存活率高，而且体质良好。

9. 抗衰老、延年益寿

我国曾对 100 位百岁以上长寿老人进行调查，结果发现 95% 是爱喝茶的老人，其中 70% 的长寿老人，每天要饮 5 克以上的茶。

10. 调整血压、平衡血糖

骆少君在《茶与健康》一书中提到，每天喝茶十杯以上者，高血压发病率比每天喝茶 4 杯以下者低约 1/3。美国哈佛大学医学院对 1600 名心脏病患者的长期跟踪调查表明，平均每周饮茶 14 杯以上的患者，比不喝茶的患者同期死亡率低 44%。经常饮茶有平衡血糖，预防糖尿病发生的作用。

饮茶的十大好处

1	提神、益思
2	利尿、通便
3	固齿、防龋
4	消炎、灭菌
5	解酒、醒酒
6	减肥降脂、养颜美容
7	保肝、明目
8	防辐射、抗癌变
9	抗衰老、延年益寿
10	调整血压、平衡血糖

三、饮茶注意事项

1. 平时饮茶有“八不喝”

浓不喝，淡不喝；
凉不喝，热不喝；
多不喝，少不喝；
饭前不喝，饭后不喝。

茶汤太浓不宜喝，刺激性太强。茶汤太淡也不宜喝，没有滋味，保健功能也差，应该马上换茶。

茶汤太凉不宜喝，容易伤胃，尤其是肠胃寒凉的人，最好不要喝。茶汤太烫，也不宜喝，有人习惯泡出茶来马上喝，这样对咽喉部不好，茶汤的最佳温度应该是 50~60℃。

喝茶太多也不好，我们知道正常人一天的饮水量，应该是不少于 1000 毫升的，那么对于饮茶来说呢？是不是也可以是这个量？喝茶能够完全替代一天的饮水吗？喝茶本身就是一个补水的过程。饮茶量的多少取决于饮茶习惯、年龄、健康状况、生活环境、风俗等因素。一般健康的成年人，平时又有饮茶习惯的，一天饮茶 12 克左右，分 3~4 次冲泡是适宜的。

对于体力劳动量大，尤其是高温环境、接触毒害物质较多的人，一天饮茶 20 克左右也是适宜的。食油腻较多、烟酒量大的人也可适当增加茶叶用量。但孕妇和儿童、神经衰弱者、心动过速者，饮茶量应适当减少。喝茶量太少，血液中健康物质的浓度不够，达不到饮茶保健的功效。

饭前、饭后不宜大量饮茶。饭前、饭后 30 分钟内不宜饮茶，若饮茶，会冲淡胃液，影响食物消化。

八不喝
浓不喝，淡不喝；
凉不喝，热不喝；
多不喝，少不喝；
饭前不喝，饭后不喝。

2. 饮茶对人体健康的作用是不容置疑的，但针对不同的人群，还是有一些注意事项。

（1）肠胃寒凉的人群，宜饮用武夷岩茶、红茶、普洱熟茶、黑茶等发酵程度较高的茶。少饮绿茶、白茶、黄茶等茶类。

（2）空腹饮茶会冲淡胃酸，还会抑制胃液分泌，妨碍消化，甚至会引起心悸、头晕等“茶醉”现象，并影响对蛋白质的吸收，还会引起胃黏膜炎。若发生“茶醉”，可以口含糖果或喝一些糖水缓解。

（3）睡前饮茶要分人群，有人睡前饮茶不影响睡眠。但睡眠质量不好的人，最好睡前 2 小时内不要饮茶，饮茶会使精神兴奋，影响睡眠，甚至造成失眠，尤其是新采的绿茶，饮用后，神经极易兴奋，造成失眠。

（4）隔夜茶要慎喝。隔夜茶很容易被细菌侵染，容易发馊变质，如果保管不好，还易受污染，所以隔夜茶最好不要饮用。

（5）妇女哺乳期不宜饮浓茶。哺乳期若饮浓茶，会有过多的咖啡碱进入乳汁，小孩吸乳后会间接地产生兴奋，易引起少眠和多啼哭。

（6）重度醉酒者不宜饮茶。酒后喝茶能加速体内酒精的分解，且其利尿作用可帮助分解后的物质排出，因此有助于解酒。但对于重度醉酒者，这种加速分解会增加肝肾的负担。

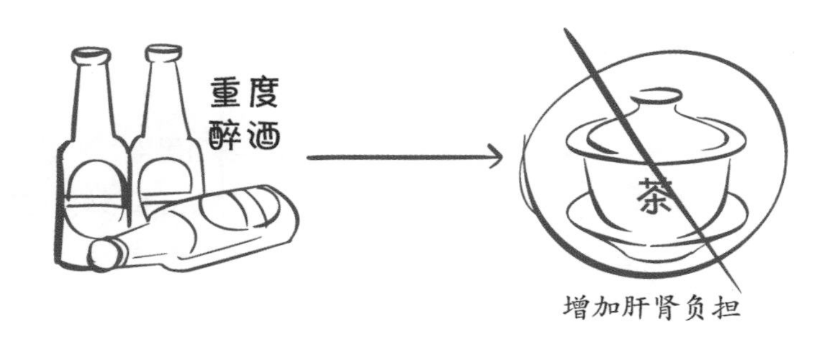

（7）不要饮用劣质茶或变质茶。茶叶储藏不当，易吸湿而霉变，而有些人出于爱茶节约，舍不得丢弃已霉变的茶。变质的茶中含有大量对人体有害的物质和病菌，是绝对不能饮用的。优质茶泡好后若放置太久，茶汤也会因氧化和微生物繁殖而变质，这样的茶也不要饮用。

（8）慎用茶水服药。药物的种类繁多，性质各异，能否用茶水服药，不能一概而论。有些中草药如麻黄、钩藤、黄连等也不宜与茶水混饮，一般认为，服药 2 小时内不宜饮茶。

（9）糖尿病人最宜饮用粗老茶，什么是粗老茶呢？就是等级比较低的茶，基本上是由成熟叶片制成的茶。泡茶的温度最好在 50℃以下，可根据自己的胃口接受情况而定。

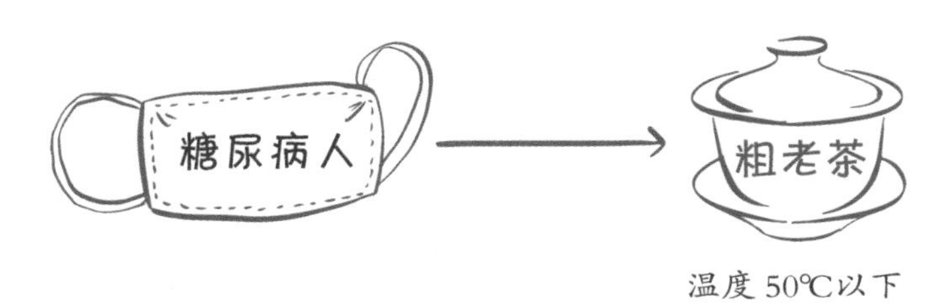

（10）痛风病人喝茶，最好是泡茶时先洗一遍茶，减少茶汤中咖啡碱的含量。选择茶类时，建议选择武夷岩茶，因为武夷岩茶的咖啡碱含量相对较低。

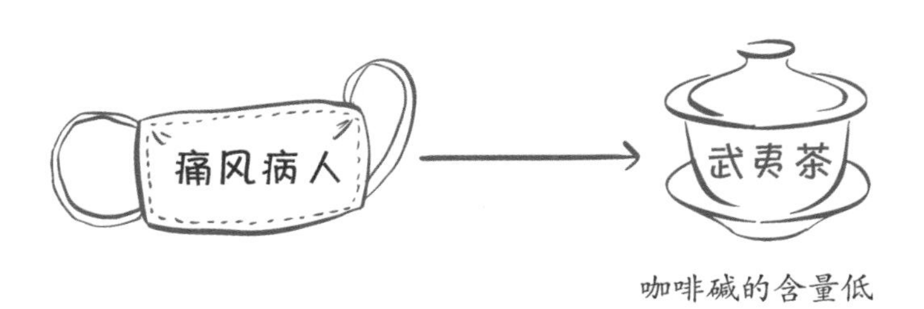

饮茶的十大注意事项

1	肠胃寒凉人群宜饮用发酵程度较高的茶
2	不要空腹饮茶
3	睡前饮茶要分人群
4	隔夜茶要慎喝
5	妇女哺乳期不宜饮浓茶
6	重度醉酒者不宜饮茶
7	不要饮用劣质茶或变质茶
8	慎用茶水服药
9	糖尿病人最宜饮用粗老茶
10	痛风病人建议选择武夷岩茶

四、茶疗小方

在了解了茶性的基础之上，根据四季的寒热温凉及自身的体质，合理地饮用茶叶，对于人的保健功效会更加显著。但茶毕竟不是靶向药物，只是对身体有一定的保健作用，而且要长期饮用，才会有疗效。以下给大家推荐一些常用的茶疗小方。

四季分别适合喝什么茶？

1. 春季茶疗小方

春季，天气乍暖还寒，很容易引发流感、咳嗽等疾病。茶叶内的多酚类物质有抗菌消炎的作用。春季宜饮用绿茶、白茶、黄茶等。

①菠萝香蜜茶

材料：

黄茶	3 克
菠萝片	2 片
菠萝汁	少许
淡盐水	少量
柠檬皮丝	3 根

做法：

将菠萝片切丁，放在淡盐水中浸泡一会儿，捞出备用。锅中放凉水与茶用小火加热，煮沸后 1 分钟即可关火。将茶水倒入杯中，待凉后，加入菠萝片、柠檬皮丝以及菠萝汁搅拌几下即可。

②杞子绿茶

材料：

枸杞子	15 克
绿茶	3 克

做法：

将枸杞子和绿茶放入杯中，用沸水冲泡，趁热饮用即可，可在春季每日多次饮用。

功效：

每日多次饮用，不但能益肝明目、补肾润肺，也能祛风发汗，减轻春季感冒引起的咳嗽、气喘等症状。

③ 柠檬绿茶

材料：

绿茶	适量
葡萄	10 粒
菠萝	2 片
鲜柠檬	2 片
蜂蜜	适量

做法：

将绿茶放入杯中，用开水冲泡，静置 7~8 分钟，将菠萝切片与葡萄一起榨成汁。将果汁、蜂蜜、鲜柠檬片和绿茶同时倒入玻璃杯中，搅拌均匀即可。

功效：

柠檬绿茶性质温和，春季饮用能促进新陈代谢和血液循环，更新老化角质层，令肌肤变得更加光滑、白皙。

④ 菊花清热绿茶

材料：

菊花	10 克
绿茶	5 克
白糖	适量

做法：

将菊花和绿茶一同放入茶杯中，加适量沸水冲泡。盖上杯盖，浸泡 20 分钟后，调入白糖，代茶饮用。

功效：

散风清热，凝神明目。适于春季忽冷忽热、气候干燥所致的肝火目赤头痛及伤风等人群饮用。

饮用禁忌：

脾胃虚寒者不宜饮用。

⑤百合莲子养肝和胃茶

材料：

白茶	4 克
百合	4 克
莲子（干）	4 克
银耳	4 克
红枣	4 克
白糖	适量

做法：

百合、银耳放入温水中，泡发。莲子放入砂锅中，加水煎煮至半熟透，沥掉水分，在锅中放入百合和红枣，再重新加水煎煮。待三种茶材都煮烂后，放入白茶、银耳和白糖，代茶饮用。

功效：

养肝和胃，润肺止咳，适于春季养生饮用。

饮用禁忌：

风寒咳嗽、虚寒出血者不宜饮用。

2. 夏季茶疗小方

夏季天气炎热，万物生长，生机盎然。但夏季多火多湿，气候炎热。“暑”、“湿”是夏季气候的特点。根据这一特点，古人将整个夏季又分盛夏和长夏。暑热的时节即为盛夏，这是火的季节，通应于心，人体阳气最盛。夏秋之交，暑热肆虐、气候潮湿的时节即为长夏，这是湿的季节，通应于脾。因此，夏季茶疗不离清热、化湿、清心补脾之法。夏季宜饮白茶、茉莉花茶及普洱生茶等。

① 薄荷茶

材料：

普洱生茶	适量
薄荷	5~6 片
冰块	少量
糖水	少量
蜂蜜	少量
柠檬汁	少量

做法：

将普洱生茶用沸水冲泡好，滤取茶叶备用。将冰块加入带盖的杯中，依次加入蜂蜜、薄荷、糖水，最后将茶汤倒入杯内，盖上杯盖，用振摇法来回摇动 8~10 次即可。可根据个人口味加入柠檬汁。

② 苹果白茶

材料：

绿茶	3 克
苹果	1/2 片
柠檬片	1 个
冰块	适量
蜂蜜	适量

做法：

苹果洗净，去皮、去核，切成小丁；柠檬洗净、切片备用。将绿茶与苹果丁一起放入杯中，用沸水冲泡，并盖闷 10 分钟左右。泡好茶后，按自己口味取适量柠檬片挤出汁，滴入茶中，调入少量蜂蜜，并加入适量冰块搅拌几下即可。

③ 红酒茶

材料：

玫瑰红酒	10 毫升
红葡萄酒	30 毫升
白茶茶汤	30 毫升
威士忌酒	10 毫升
红樱桃或鲜草莓	少量

做法：

先将白茶 3 克，水 150ml，煮 10 分钟后，滤出茶汤，凉至常温，量出 30ml 备用。将玫瑰红酒、红葡萄酒和茶汤调匀后倒进玻璃杯，用红樱桃或鲜草莓装饰。在饮用时，再缓缓从杯边倒入威士忌酒，酒香浓郁，色彩艳丽，滋味甘醇。若加冰块饮用，风味更佳。

④ 绿豆茶

材料：

茉莉花茶	10 克
绿豆沙	30 克
柠檬	10 克
蜂蜜	少许

做法：

将水煮沸，放入茶叶，再将榨汁的柠檬和绿豆沙的汁注入茶水中搅拌，待水温凉，放入少量蜂蜜即可饮用。

功效：

排毒养颜、平整毛孔，使肌肤光洁。

⑤ 乌梅普洱茶

材料：

乌梅或话梅	2~3 粒
普洱生茶	9 克

做法：

将 2 ～ 3 粒乌梅或话梅，加适量普洱茶一起冲泡。

功效：

去腻、降血脂，并有自然的瘦身效果。

3. 秋季茶疗小方

秋天，天高云淡，金风萧瑟，花木凋落，气候干燥，令人口干舌燥，嘴唇干裂，中医称之为“秋燥”，这时宜饮用乌龙茶等。

①桔红茶

材料：

桔红	3~6 克
单枞茶	5 克

做法：

用开水冲泡再放锅内隔水蒸 20 分钟后服用。桔红理气润肺，消痰止咳。茶叶有抗菌消炎作用，以此二味配制，对咳嗽痰多、粘而难以咳出者疗效较好。

②萝卜茶

材料：

白萝卜	100 克
铁观音	5 克
食盐	少量

做法：

先将白萝卜洗净切片煮烂，略加食盐调味（勿放味精），再将茶叶冲泡5分钟后倒入萝卜汁内服用，每天 2 次不拘时限，有清热化痰、理气开胃之功，适用于咳嗽痰多、纳食不香等。

③ 姜苏茶

材料：

武夷肉桂茶	5 克
生姜	3 克
紫苏叶	3 克

做法：

将生姜切成细丝，紫苏叶洗干净。用开水将茶及以上两种材料冲泡10分钟，代茶饮用。每天喝2次，上下午各温服1次。

功效：

秋季天气转凉，风寒感冒、头痛发热、恶心呕吐、胃痛腹胀等都会常常出现，这款茶可以有效地缓解以上症状。

④ 茅根荸荠茶

材料：

武夷岩茶	8 克
荸荠	50 克
鲜白茅根	50 克
白糖	适量

做法：

将荸荠洗净切碎，取鲜白茅根，一同放入500毫升开水中，煮20分钟，去渣，加入茶叶，白糖适量即成。

功效：

可清热化痰、生津止渴、潜阳利尿，对上火引起的头晕、咳嗽、口渴、尿黄有良效。

⑤ 玫瑰薄荷茶

材料：

铁观音	5 克
玫瑰花干花蕾	4~5 颗
薄荷	少量

做法：

将茶叶、干玫瑰花与薄荷一同放入杯中，倒入热水加盖 5 分钟，待凉后饮用提神效果更佳。

功效：

人的情绪在交接之季易出现波动，而玫瑰花常常深受办公室女性喜爱，具有活血化瘀、舒缓情绪的作用。

4. 冬季茶疗小方

冬天，天寒地冻，万物蛰伏，寒邪袭人，人体生理功能减退，对能量与营养要求较高。人的机体生理活动处于缓慢状态。养生之道，贵乎御寒保暖，因而冬天宜喝红茶、黑茶。

① 牛奶红茶

材料：

红茶	7 克
（或袋泡红茶）	1 包
牛奶	适量
方糖	适量

做法：

先将适量红茶放入茶壶中，冲泡，约 5 分钟后，倒入咖啡杯中。如果是红茶袋泡茶，可将一袋茶连袋放在咖啡杯中，用水冲泡 5 分钟，弃去茶袋。然后往茶杯中加入适量牛奶和方糖，牛奶用量以调制成的奶茶呈桔红、黄红色为度。奶量过多，汤色灰白，茶香味淡薄；奶量过少，失去奶茶风味。糖的用量因人而异，以适口为度。

② 桂圆红枣茶

材料：

普洱熟茶	20 克
红枣	100 克
桂圆	50 克

做法：

将所有的材料放入 1000 克的水中煮沸，熄火焖 10 分钟。

功效：

有养心安神、滋阴补血的功效。适合体弱多病、心悸失眠、面色无华的女性进补之用。

③ 参枣茶

材料：

茯砖	15 克
红枣	5 颗
西洋参	10 克

做法：

将茶叶、红枣放入350克沸水中小火煮3分钟。参片放入杯中，注入红枣水，盖焖10分钟。

功效：

能补助气分，并能补益血分。补气养阴，清热生津。用于气虚阴亏，内热。

④ 姜糖红茶

材料：

生姜	10 片
红茶	适量
红糖	少许

做法：

将红茶与生姜一同放入砂锅内，加适量的水煎煮10~15分钟，直至形成浓汁。加入红糖调味，搅匀即可。

功效：

姜糖茶可以驱寒暖胃，非常适宜于寒意凝重、气温骤降的冬季饮用。

⑤椰香奶茶

材料：

红茶	5克
椰汁	120毫升
冰糖	适量

做法：

茶壶中放入200ml沸水，将红茶放入其中闷泡5分钟。将椰汁和冰糖加入红茶中。再次煮沸后，即可饮用。

科学泡茶

一、讲究泡茶自古有之

1. 饮茶流变

饮茶流变，又称饮茶方式的变化。从唐代开始，人们饮茶逐渐有了讲究。陆羽所著的《茶经》，首次对饮茶做了归纳总结。按照陆羽的煮茶方法，茶不仅好喝了，而且有了艺术性。很多名人士大夫争先仿效，于是茶道大兴。陆羽倡导的煎茶法主要步骤是：备茶（炙、碾、磨、罗）、备水、煮水、一沸（调盐）、二沸（取育华之水、投茶）、三沸（育华）、分茶、饮茶、洁器。煮水到一沸时，加入适当的盐来调味，二沸时，舀出一瓢水，然后把茶投进去，再用竹勺在釜中扬水激荡。等到三沸时，把刚才舀出的水倒回去，使水不再沸腾，这样，就能保养水面生成的"华"，即白色泡沫，这个过程叫做“育华”。然后再分给众人喝。

到了宋代，由于经济文化的繁荣，茶文化也发展到了巅峰时期。宋朝，人们推崇点茶法。这样的形式，使饮茶增加了更多的艺术性，同时好操作，有可比性。所以，宋代斗茶、茗战盛行。宋代的点茶法基本步骤是：备茶（炙、碾、磨、罗）、侯汤（一沸、二沸）、烫盏、点汤、饮茶、洁器。点茶法的核心技术是“点”。宋徽宗赵佶还著有一本书《大观茶论》，详细描写了七汤点茶法。

到明代，由于明代的开国皇帝朱元璋是个马上皇帝，觉得唐代的煎茶法和宋代的点茶法都太文人化，太耽误时间。所以，下了一道旨意“罢黜龙团茶，改用散茶”。从此，开启了用杯子或壶直接泡饮散茶的历史，这也就是发展至今的泡茶法。

饮茶流变

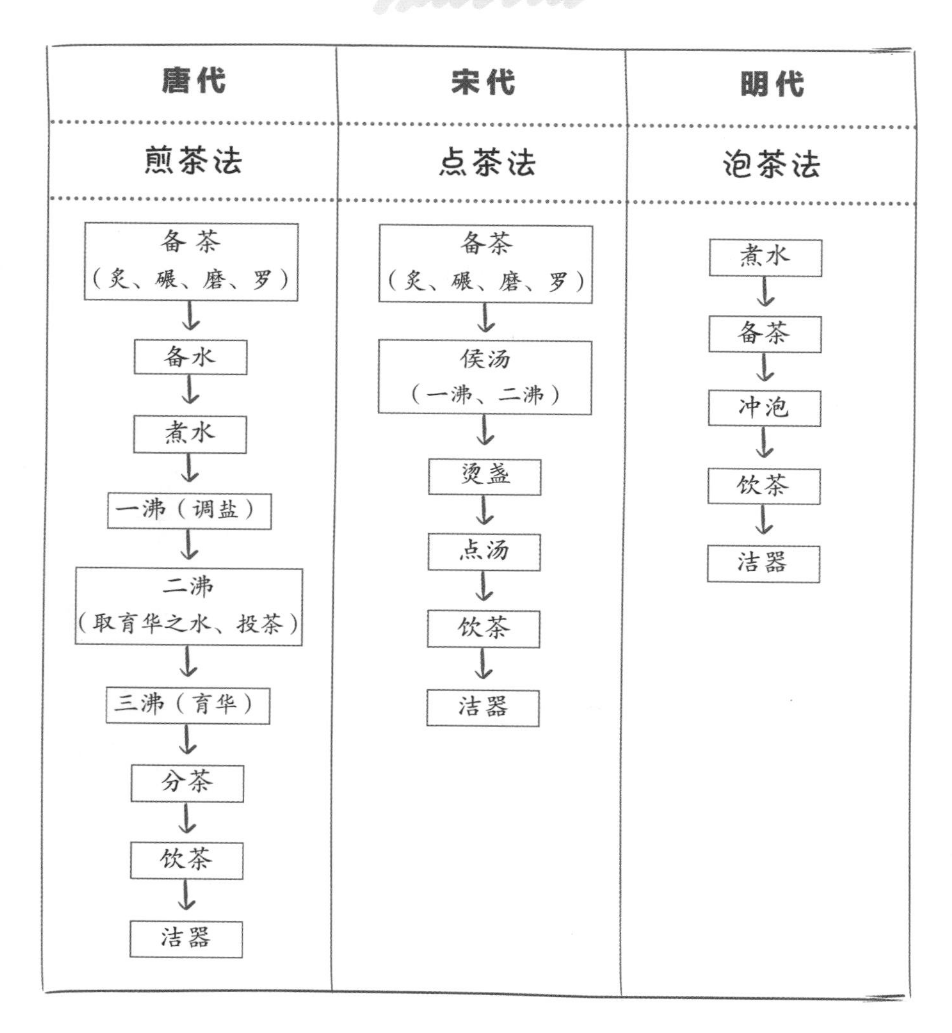

唐代
煎茶法
备茶
（炙、碾、磨、罗）
备水
煮水
一沸（调盐）
二沸
（取育华之水、投茶）
三沸（育华）
分茶
饮茶
洁器
宋代
点茶法
备茶
（炙、碾、磨、罗）
候汤
（一沸、二沸）
烫盏
点汤
饮茶
洁器
明代
泡茶法
煮水
备茶
冲泡
饮茶
洁器

2. 择水

茶圣陆羽认为：煮茶的水，用山水最好，其次是江河的水，井水最差。明代许次纾在《茶疏》中说："精茗蕴香，借水而发，无水不可与论茶也。"明代张大复在《梅花草堂笔谈》中也谈到："茶性必发于水，八分之茶，遇十分之水，茶亦十分矣；八分之水，试十分之茶，茶亦八分耳。"可见水质能直接影响茶汤品质。水质不好，就不能正确反映茶叶的色、香、味，尤其对茶汤滋味影响更大。杭州的"龙井茶，虎跑水"，俗称杭州"双绝"；"蒙顶山上茶，扬子江中水"，名闻遐迩。名泉伴名茶，是美上加美，相得益彰。

在选择泡茶用水时，还必须了解水的硬度和茶汤品质的关系。一升水中含有钙镁离子 1 毫克的，称为硬度 1 度。硬度 0~10 度为软水，10 度以上为硬水。通常饮用水的总硬度不超过 25 度。如果水的硬度，是含有碳酸氢钙或碳酸氢镁引起的，这种水称暂时硬水。为什么叫暂时硬水呢？因为通过煮沸，暂时性硬水所含碳酸氢盐就分解生成不溶性的碳酸盐而沉淀。这样硬水就变为软水了。当我们煮水的时候，发现水壶底部有白色的水垢，这种水通常就是暂时性硬水。如果水的硬性是由含有钙和镁的硫酸盐或氯化物引起的，这种水叫永久硬水。

水的硬度直接影响茶叶有效成分的溶解度，软水中含其他溶质少，茶叶有效成分的溶解度高，故茶味浓；而硬水中含有较多的钙、镁离子和矿物质，茶叶有效成分的溶解度低，故茶味淡。如水中铁离子含量过高，茶汤就会变成黑褐色，甚至浮起一层“锈油”，简直无法饮用。这是茶叶中多酚类物质和铁离子作用的结果。所以，最好不要用铸铁壶煮茶。如水中镁的含量大于 2ppm（ppm 是溶液浓度的一种表示方法，ppm 表示百万分之一。即 1 升水溶液中有 1 毫克的溶质，则其浓度为 1ppm）时，茶味变淡；钙的含量大于 2ppm 时，茶味变涩，若达到 4ppm，则茶味变苦。由此可见，泡茶用水以选择软水或暂时硬水为宜。

水的 pH 值不仅与茶汤品质关系密切，还会影响茶汤色泽。最好选用 pH 值 7~8 之间的水来泡茶。

泡茶好水的几个条件

1

山泉为上

2

软水或暂时性硬水为好

3

PH7～PH8弱碱性水为佳

3. 器具选择

泡茶择器自古就有讲究。所谓：水是茶之母，壶是茶之父。从唐代的青瓷、宋代的黑盏，到明代兴起的紫砂壶，都是比较好的茶器具。现代茶生活中常见的茶器具有：玻璃茶器、瓷质茶器、陶制茶器、金属茶器等等。

一般来讲，具有形美特点的茶，也就是泡出来好看的茶，选择用玻璃茶器，方便观赏。比如西湖龙井、碧螺春、太平猴魁等。考虑香气、换茶方便，选用瓷质茶器。如铁观音、黄茶等。注重滋味的鲜爽醇厚，选用陶制茶器。如红茶、黑茶等。铸铁壶最好只用做煮水用，不要煮茶。

二、茶“四看”原则

泡茶要掌握四看原则：看茶泡茶、看人泡茶、看器泡茶、看时泡茶。

1. 看茶泡茶

从发酵程度来说，茶叶分为六大茶类；从等级来说，有老嫩度；从形制来说，有紧压，有松散；从时间来说，有老茶，有新茶。选泡的茶不一样，泡茶的水温、茶水比例、出汤时间等都不一样。就拿泡茶水温的掌握来说，一般发酵程度越高，水温越高；等级越低，原料越粗老，水温越高；茶叶压制越紧结，水温越高；存放时间越久，水温越高。

分类标准	类别	水温
按发酵程度	六大茶类	发酵程度越高，水温越高
按等级	老嫩度	等级越低，水温越高
按形制	紧压、松散	压制越紧，水温越高
按存放时间	老茶、新茶	存放时间越久，水温越高

2. 看人泡茶

看人泡茶，要了解品饮者的体质、口味等等。还要根据品饮者的人数多少，选择茶器、茶量等。看人泡茶，最难掌握。如果要是给自己泡茶就好办了，因为知道自己的体质、口味和最想喝什么茶。

睡眠不好，但爱喝绿茶的人，可以选择安吉白茶，安吉白茶咖啡碱含量很低，不影响睡眠质量。

有痛风的患者，担心摄入过多的咖啡碱，可以将第一杯茶倒掉，而且最好是泡到 90 秒左右倒掉，这样虽然损失一部分功能物质，但是大部分咖啡碱被倒掉了。

糖尿病患者，可以冷泡粗老茶，泡上十几个小时，大部分茶多糖会溶出，苦涩味的酯型儿茶素溶出量很少，所以喝起来还比较甘爽。

肠胃寒凉的人，尽量选择岩茶，或发酵程度较重的茶，投茶量也要减少。爱上火的人，可以选择绿茶，但要泡得清淡些。

3. 看器泡茶

看器泡茶，根据现有的条件，有什么样的茶器具，根据所有的茶器具来泡茶。

出差，在路上喝茶，最好选择保温杯泡茶，而且尽量选择适合自己体质的茶。

在泡功夫茶时，如果主泡器皿小，而品茶人数多，在这种情况下，可以将投茶量加大，快出汤，两三泡的茶汤合成一泡，再来分茶，这种连泡法虽不能细分每一泡茶汤的区别，但可以让客人快速分享到茶汤的美感。

4. 看时泡茶

看时泡茶，是指根据季节、时间来有选择地泡茶。我国大部分地区四季分明，春温、夏热、秋凉、冬寒。随季节的变化而选择不同的茶叶种类，对健康有益。

以京津冀地区的人为例，可以看出以下现象。

春天 喜欢喝绿茶。

夏天 喜欢喝茉莉花茶、白茶。

秋天 喜欢喝乌龙茶。

冬天 喜欢喝红茶、普洱茶。

根据不同的时节和天气变化，选择适合的茶类，比偏爱某一种茶更为合理。

从一天的作息时间来看，睡觉前不宜大量饮茶，尤其是睡眠质量不好的人。因为茶叶中的咖啡碱有较强的兴奋作用，影响睡眠，而且增加夜间排尿次数，降低睡眠质量。空腹也不宜大量饮茶，空腹饮茶会使血糖下降，容易出现心慌、头晕、乏力、出虚汗或饥饿感，这就是茶醉现象。尤其是糖尿病患者，更不能空腹饮茶。

三、泡茶的十要素

1. 泡茶需要注意的十要素

茶圣陆羽在《茶经》中曾说：“茶有九难，一曰造，二曰煎，三曰器，四曰火，五曰水，六曰炙，七曰末，八曰煮，九曰饮。”泡好一壶茶，既要考虑泡茶的器具、环境，及品饮人数的多少等诸多客观因素，又要考虑品茶者的口味、嗜好。要达到每个人都满意，的确很难。更何况品茶本来就是一个感官审评，不能达到数字化的标准。所以我们只能从如何体现茶叶的色、香、味角度，来提出科学泡茶需要注意的十要素。

泡茶十要素

<table>
<tr><td>1</td><td>器具</td><td colspan="4">1. 遵从“四看”原则
2. 玻璃杯晶莹通透，能表现茶叶外形特征；
瓷质盖碗质地细腻，能聚香保香；
紫砂壶透气不漏水，能将茶叶的本味、真味泡出来。</td></tr>
<tr><td>2</td><td>醒茶</td><td colspan="4">1. 醒茶，俗称洗茶，也有人叫润茶。就是将第一泡的茶汤倒掉，或用作烫盏用，而不喝。
2. 目的有三：洗去浮尘 – 提高器皿温度 – 温润茶叶</td></tr>
<tr><td>3</td><td>投茶量</td><td colspan="4" rowspan="2">合称：茶水比例</td></tr>
<tr><td>4</td><td>注水量</td></tr>
<tr><td rowspan="2">5</td><td rowspan="2">水温
（因茶而异）</td><td colspan="4">水温过低：茶汤的滋味淡薄</td></tr>
<tr><td colspan="4">水温过高：易造成茶汤的汤色和叶底暗黄，而且香气低</td></tr>
<tr><td rowspan="2">6</td><td rowspan="2">出汤时间</td><td colspan="4">过短：茶汤色淡、味薄、香低</td></tr>
<tr><td colspan="4">过长：茶汤色重、味苦，有闷浊味而不鲜爽</td></tr>
<tr><td>7</td><td>冲泡次数</td><td colspan="2">头泡茶汤泡出 50%（可溶物质总量）
二泡茶汤泡出 30%
三泡茶汤泡出 10%
四泡仅为 1%~3%</td><td colspan="2">冲泡次数过多，则茶汤色淡味薄、无营养成分。</td></tr>
<tr><td>8</td><td>闻三香</td><td>摇香</td><td>挂杯香</td><td colspan="2">叶底香</td></tr>
<tr><td>9</td><td>注水方式</td><td>定点高冲 7 点半</td><td>定点高冲 9 点</td><td>定点低冲</td><td>回旋低冲</td></tr>
<tr><td>10</td><td>凉汤</td><td colspan="4">凉汤指等凉到一定温度再喝</td></tr>
</table>

第一要素：器具

现代茶生活中，比较常见的茶器具有：紫砂茶器、柴烧陶茶器、普通陶茶器、汝窑茶器、玻璃茶器、铁质茶器、银质茶器、青花、粉彩等瓷质茶器。每一种茶器，都代表着各自的文化、历史，都有它的特点，以及质感与美感。比如玻璃杯晶莹通透，能表现茶叶外形特征；瓷质盖碗质地细腻，能聚香保香；紫砂壶透气不漏水，能将茶叶的本味、真味泡出来。

泡茶时，对于器皿的选择，还要遵从“四看”原则。有条件，采用功夫茶泡法；没有条件，可采用简易泡法。

第二要素：醒茶

醒茶，俗称洗茶，也有人叫润茶。就是将第一泡的茶汤倒掉，或用作烫盏用，而不喝。通常醒茶有三个目的：其一是洗去茶叶表面的浮尘，尤其是裸露时间较长的茶叶；其二是提高泡茶器具的温度，为下一泡茶做准备；其三是先温润一下茶叶，尤其是球形茶、紧压茶及陈年茶，便于提升下一泡茶的色香味。所以有“头泡水，二泡茶，三泡四泡是精华”之说。

第三要素：投茶量

投茶量是指根据主泡茶器的容量来决定投放多少克重的茶叶。很多人把投茶量和注水量和在一起称作“茶水比例”。通过注水量来调节投茶量的多少，也是很有道理的。在此，单独将投茶量提出来，更方便我们理解主泡器具的容量、投茶量、注水量和品饮人数的关系。

第四要素：注水量

注水量说的是根据主泡茶器具的容量、投茶量来决定注入多少毫升的水。

第五要素：水温

泡茶的水温高低，对于茶叶水溶性物质的溢出和香气的发挥起着重要作用。水温过低，水溶物质就不易溢出，茶汤的滋味淡薄；水温过高，特别是闷泡，则易造成茶汤的汤色和叶底暗黄，而且香气低；用沸腾过久的水泡茶，会损失茶汤的新鲜风味，所以泡茶的水温，要因茶而异。

值得注意的是，通常提到泡茶的水温 100℃、90℃、85℃等，一般是先将水烧开，凉到这个温度。通常用公杯对倒一次，水温会降低 3~5℃。但如果有条件，或有温度计的帮助，将水烧到 90℃、85℃、80℃这样的温度来泡茶，茶汤会更加鲜爽。

第六要素：出汤时间

当茶水比例和水温一定时，溶入茶汤的有效成分会随着时间的增加而增加。因此，泡茶的冲泡时间和茶汤的色泽、滋味的浓淡、爽涩密切相关。另外，茶汤冲泡时间过久，茶叶中的茶多酚，芳香物质等会自动氧化，降低茶汤的色香味，茶中的维生素、氨基酸等也会氧化减少，而降低茶汤的饮用价值。出汤时间过晚，还有可能受到环境的污染，使茶汤中微生物数量增加而妨碍饮茶卫生。

泡茶时，出汤时间的掌握决定着茶汤的色香味，要求泡茶师要思想专注。经验不足者，可以选用计时器，来帮助计时。如果浸泡时间过短，茶叶的有效成分没有浸出，茶汤就色淡、味薄、香低；浸泡时间过长，茶汤就会色重、味苦，有闷浊味而不鲜爽。所以出汤时间的掌握至关重要。

第七要素：冲泡次数

一杯茶或一壶茶，其冲泡次数也应该掌握一定的“度”。一般绿茶在冲泡 3~4 次后，基本上没有什么价值了。根据测定：头泡茶汤泡出可溶物质总量的 50%；二泡茶汤泡出 30%；三泡茶汤泡出 10%；而四泡仅为 1%~3%。冲泡次数过多，则茶汤色淡、味薄、无营养成分。但一些叶质厚实的茶叶，内含物丰富，如新枞铁观音能泡六七泡，古树普洱茶七八泡后仍有香韵。还有一些陈年茶，比如十几年的黑茶或普洱茶，更是耐泡。

第八要素：闻三香

闻三香是指：摇香、挂杯香和叶底香。

摇香是指温热主泡器之后，投茶摇器，再嗅闻其香。

◀ 摇香

挂杯香是指品完茶汤后，闻品茗杯的挂杯香，或闻倒完茶汤后的公杯底香。

◀ 挂杯香

叶底香是指泡茶结束之后，闻叶底的香气。

◀ 叶底香

闻三香是更加全面地享受茶叶给我们带来的精神愉悦，也是审评茶叶香型、浓度的方法。

第九要素：注水方式

注水方式主要是根据茶叶的外形特征、茶汤亮度和滋味、香气来考虑的。以右手注水为例，大致分为四种方式：定点高冲 7 点半、定点高冲 9 点、定点低冲 7 点半、回旋低冲。若以左手注水，分为：定点高冲 4 点半、定点高冲 3 点、定点低冲 3 点半、回旋低冲。右手注水时，回旋低冲是逆时针方向，起点和收点都在 9 点位置。左手注水时，回旋低冲是顺时针方向，起点和收点都在 3 点位置。起点和收点在这个位置是为了防止有水洒落到壶或杯外面。

定点高冲 7 点半：除了使茶叶上下翻滚，还能旋转；

定点高冲 9 点：使茶叶上下翻滚，充分与水融合；

▲ 定点高冲 7 点半

▲ 定点高冲 9 点

定点低冲 7 点半：使茶叶不翻滚而旋转；

回旋低冲：是水注沿着杯壁或壶壁低冲，茶叶既不翻滚，也不旋转，安安静静地与水融合。

▲ 定点低冲 7 点半

▲ 回旋低冲

选择不同的注水方式，主要目的有五点：一是为了满足茶与水的融合；二是保障茶汤汤色清亮；三是保障茶叶迅速均匀受热；四是保护香气不外扬；五是保护芽叶在泡茶器中的美感。比如：菊花茶采用定点高冲 7 点半的手法，让菊花上下翻腾并顺势旋转，使花瓣充分与水融合；冲泡武夷岩茶或黄山毛峰这样的条索形茶，为了让其尽快与水融合，也采用高冲 7 点半的手法；而冲泡球形或半球形茶，如冻顶乌龙、铁观音这样的茶时，用高冲 9 点便可让茶均匀受热；冲泡老班章这样的古树普洱茶时，采用低冲 7 点半的手法，既可保护香气不外泄，又让花香入水；冲泡福鼎白茶、碧螺春时，采用回旋低冲的手法，主要考虑茶的毫毛较多，回旋低冲除了保障茶叶融于水外，还为了体现茶汤的亮度；冲泡普洱熟砖、黑砖这样的紧压茶，通常也采用回旋低冲的手法，因为撬紧压茶时易碎，一般先放碎茶，然后用块状茶盖住碎茶，为了不让碎茶飘上来，沿着泡茶器的周圈缓慢低冲，主要目的是保障茶汤清澈明亮。

第十要素：凉汤

凉汤与否，说的是茶汤是即斟即喝，还是等凉到一定温度再喝。一般来说，茶汤最适合品饮的温度是50℃ ~60℃之间，但有的茶的温度降到室温时，别有一番味道。比如高品质的普洱熟茶，凉汤之后，就会更加粘稠顺滑。

2.60种名茶泡茶技术规范

本技术规范是在以下基础上建立的：

（1）适用于功夫茶泡法，以三至五人品饮。

（2）茶叶器具的选择是常见的玻璃杯、盖碗和紫砂壶。

（3）对于水的考量，也只限于注水量和水温的把控，不涉及水质的问题。

（4）以下泡茶技术规范中的注水方式皆为右手注水。

（5）本技术规范只是对泡茶提供一些思路的借鉴，属于一家之言。

60种常见名茶冲泡技术规范

①绿茶

序号	品类	器皿选择	醒茶	投茶量	注
1	狮峰龙井	紫砂壶 / 盖碗 / 玻璃杯	不醒茶	3 g	150
2	黄山毛峰	紫砂壶 / 盖碗 / 玻璃杯	不醒茶	4 g	150
3	安吉白茶	紫砂壶 / 盖碗 / 玻璃杯	不醒茶	4 g	150
4	六安瓜片	紫砂壶 / 盖碗	不醒茶	3 g	150
5	太平猴魁	玻璃杯	不醒茶	3 g	150
6	日照雪青	紫砂壶 / 盖碗	不醒茶	3 g	150
7	碧螺春	玻璃杯	不醒茶	3 g	150
8	信阳毛尖	紫砂壶 / 盖碗 / 玻璃杯	不醒茶	3 g	150
9	竹叶青	紫砂壶 / 盖碗 / 玻璃杯	不醒茶	3 g	150
10	蒙顶甘露	紫砂壶 / 盖碗 / 玻璃杯	不醒茶	3 g	150

水温	出汤时间	冲泡次数	闻三香	注水方式	凉汤
85℃	前两泡 10 秒 第三泡 15 秒	3	摇香 挂杯香	高冲 7 点半	否
85℃	前两泡 10 秒 第三泡 15 秒	3	摇香 挂杯香	高冲 7 点半	否
85℃	前两泡 10 秒 第三泡 15 秒	3	摇香 挂杯香	高冲 7 点半	否
85℃	前两泡 10 秒 第三泡 15 秒	3	摇香 挂杯香	高冲 7 点半	否
85℃	前两泡 10 秒 第三泡 15 秒	3	摇香 挂杯香	回旋低冲	否
90℃	前两泡 10 秒 第三泡 15 秒	3	摇香 挂杯香	高冲 7 点半	否
80℃	前两泡 10 秒 第三泡 15 秒	3	摇香 挂杯香	回旋低冲	否
85℃	前两泡 10 秒 第三泡 15 秒	3	摇香 挂杯香	回旋低冲	否
85℃	前两泡 10 秒 第三泡 15 秒	3	摇香 挂杯香	高冲 7 点半	否
80℃	前两泡 10 秒 第三泡 15 秒	3	摇香 挂杯香	回旋低冲	否

天津市草木人茶艺中心提供

②黄茶

序号	品类	器皿选择	醒茶	投茶量	注水
11	君山银针	紫砂壶 / 盖碗 / 玻璃杯	不醒茶	3 g	150
12	霍山黄芽	紫砂壶 / 盖碗 / 玻璃杯	不醒茶	3 g	150
13	蒙顶黄芽	紫砂壶 / 盖碗 / 玻璃杯	不醒茶	3 g	150

③白茶

序号	品类	器皿选择	醒茶	投茶量	注水
14	7 年寿眉（饼）	紫砂壶 / 盖碗	醒一次 30 秒	6 g	150
15	白毫银针（散）	紫砂壶 / 盖碗	醒一次 15 秒	6 g	150
16	3 年白牡丹（饼）	紫砂壶 / 盖碗	醒一次 20 秒	6 g	150
17	贡眉（饼）	紫砂壶 / 盖碗	醒一次 20 秒	6 g	150

出汤时间	冲泡次数	闻三香	注水方式	凉汤
前三泡 15 秒，4~6 泡每增加一泡增加 10 秒	6	摇香 挂杯香	高冲 7 点半	否
前三泡 15 秒，4~6 泡每增加一泡增加 10 秒	6	摇香 挂杯香	高冲 7 点半	否
前三泡 15 秒，4~6 泡每增加一泡增加 10 秒	6	摇香 挂杯香	高冲 7 点半	否

天津市草木人茶艺中心提供

出汤时间	冲泡次数	闻三香	注水方式	凉汤
前三泡 15 秒，4 泡以后每一泡增加 10 秒	8+	挂杯香 叶底香	回旋低冲	可以
前三泡 15 秒，4~8 泡每一泡增加 10 秒	8	摇香 挂杯香	回旋低冲	可以
前三泡 15 秒，4~8 泡每一泡增加 10 秒	8	挂杯香	回旋低冲	可以
前三泡 15 秒，4~6 泡每一泡增加 10 秒	6	挂杯香	回旋低冲	可以

天津市草木人茶艺中心提供

④ 青茶

序号	品类	器皿选择	醒茶	投茶量	注
18	冻顶乌龙	紫砂壶 / 盖碗	醒茶 即冲即出	7~8g	20
19	阿里山乌龙（翠玉）	紫砂壶 / 盖碗	醒茶 即冲即出	7~8g	20
20	金萱乌龙	紫砂壶 / 盖碗	醒茶 即冲即出	7~8g	20
21	东方美人	紫砂壶 / 盖碗	醒茶 即冲即出	7~8g	20
22	文山包种	紫砂壶 / 盖碗	醒茶 即冲即出	7~8g	20
23	武夷水仙	紫砂壶 / 盖碗	不醒茶	7~8g	20
24	武夷肉桂	紫砂壶 / 盖碗	不醒茶	7~8g	20
25	大红袍	紫砂壶 / 盖碗	不醒茶	7~8g	200
26	凤凰单枞	紫砂壶 / 盖碗	醒茶 即冲即出	7~8g	200
27	铁观音（清香）	紫砂壶 / 盖碗	醒茶 即冲即出	7~8g	200
28	铁观音（浓香）	紫砂壶 / 盖碗	醒茶 即冲即出	7~8g	200
29	黄金桂	紫砂壶 / 盖碗	醒茶 即冲即出	7~8g	200

温	出汤时间	冲泡次数	闻三香	注水方式	凉汤
00℃	第 1~3 泡 20 秒，4~6 泡每增加一泡增加 5 秒	6	摇香 挂杯香	高冲 9 点	否
00℃	第 1~3 泡 20 秒，4~6 泡每增加一泡增加 5 秒	6	摇香 挂杯香	高冲 9 点	否
00℃	第 1~3 泡 20 秒，4~6 泡每增加一泡增加 5 秒	6	摇香 挂杯香 叶底香	高冲 9 点	否
泡 80~90℃ 泡 90~100℃	第 1~3 泡 20 秒，4~6 泡每增加一泡增加 10 秒	6	摇香 挂杯香	高冲 7 点半	否
0℃	第 1~3 泡 5~15 秒，4~6 泡每增加一泡增加 5 秒	6	摇香 挂杯香	高冲 7 点半	否
00℃	前三泡 5~10 秒，4~7 泡每增加一泡增加 5 秒	7	摇香 挂杯香	高冲 7 点半	否
00℃	前三泡 5~10 秒，4~7 泡每增加一泡增加 5 秒	7	摇香 挂杯香	高冲 7 点半	否
00℃	前三泡 5~10 秒，4~7 泡每增加一泡增加 5 秒	7+	摇香 挂杯香	高冲 7 点半	否
00℃	前三泡 5~15 秒，4~7 泡每增加一泡增加 5 秒	7	摇香 挂杯香	高冲 7 点半	否
00℃	前三泡 10~20 秒，4~7 泡每增加一泡增加 5 秒	7	摇香 挂杯香	高冲 9 点	否
00℃	前三泡 10~20 秒，4~7 泡每增加一泡增加 5 秒	7	摇香 挂杯香	高冲 9 点	否
00℃	前三泡 5~10 秒，4~7 泡每增加一泡增加 5 秒	7	摇香 挂杯香	高冲 9 点	否

天津市草木人茶艺中心提供

⑤ 红茶

序号	品类	器皿选择	醒茶	投茶量	注
30	金骏眉	紫砂壶 / 盖碗	醒茶 即冲即出	5 g	1
31	正山小种	紫砂壶 / 盖碗	醒茶 即冲即出	5 g	1
32	滇红工夫	紫砂壶 / 盖碗	醒茶 即冲即出	5 g	1
33	祁门红茶	紫砂壶 / 盖碗	醒茶 即冲即出	5 g	1
34	川红工夫	紫砂壶 / 盖碗	醒茶 即冲即出	5 g	1
35	白琳功夫	紫砂壶 / 盖碗	醒茶 即冲即出	5 g	1
36	坦洋工夫	紫砂壶 / 盖碗	醒茶 即冲即出	5 g	1
37	政和工夫	紫砂壶 / 盖碗	醒茶 即冲即出	5 g	1
38	日月潭红茶	紫砂壶 / 盖碗	醒茶 即冲即出	5 g	1
39	大吉岭红茶	紫砂壶 / 盖碗	醒茶 即冲即出	5 g	1
40	锡兰红茶	紫砂壶 / 盖碗	醒茶 即冲即出	5 g	1
41	红碎茶 5 号	紫砂壶 / 盖碗	不醒茶	5 g	1

出汤时间	冲泡次数	闻三香	注水方式	凉汤
第一泡 5 秒，第二泡 10 秒， 第三泡 15 秒，第四、五泡 20 秒	5	摇香 挂杯香	高冲 7 点半	否
第一泡 5 秒，第二泡 10 秒， 第三泡 15 秒，第四、五泡 20 秒	5	摇香 挂杯香	高冲 7 点半	否
第一泡 5 秒，第二泡 10 秒， 第三泡 15 秒，第四、五泡 20 秒	5	摇香 挂杯香	高冲 7 点半	否
第 1~2 泡 10 秒，第三泡 15 秒， 第 4~5 泡 20 秒	5	摇香 挂杯香	高冲 7 点半	否
第 1~2 泡 10 秒，第三泡 15 秒， 第 4~5 泡 20 秒	5	摇香 挂杯香	高冲 7 点半	否
第一泡 5 秒，第二泡 10 秒， 第三泡 15 秒，第四、五泡 20 秒	5	摇香 挂杯香	高冲 7 点半	否
第一泡 5 秒，第二泡 10 秒， 第三泡 15 秒，第四、五泡 20 秒	5	摇香 挂杯香	高冲 7 点半	否
第一泡 5 秒，第二泡 10 秒， 第三泡 15 秒，第四、五泡 20 秒	5	摇香 挂杯香	高冲 7 点半	否
第一泡 5 秒，第二泡 10 秒， 第三泡 15 秒，第四、五泡 20 秒	5	摇香 挂杯香	高冲 7 点半	否
第一泡 5 秒，第二泡 10 秒， 第三泡 15 秒，第四、五泡 20 秒	5	摇香 挂杯香	高冲 7 点半	否
第一泡 5 秒，第二泡 10 秒， 第三泡 15 秒，第四、五泡 20 秒	5	摇香 挂杯香	高冲 7 点半	否
醒茶 即冲即出		摇香 挂杯香	回旋低冲	否

天津市草木人茶艺中心提供

⑥ 普洱茶

序号	品类	器皿选择	醒茶	投茶量	注水量	水
42	15 年勐库生砖	紫砂壶 / 盖碗	醒两次 (40~60 秒 / 次	7 g	150 ml	100
43	冰岛散茶 (生普)	紫砂壶 / 盖碗	醒茶 即冲即出	7 g	150 ml	1~3 4 泡以
44	刮风寨散茶 (生普)	紫砂壶 / 盖碗	醒茶 即冲即出	7 g	150 ml	1~3 4 泡以
45	老班章散茶 (生普)	紫砂壶 / 盖碗	醒茶 即冲即出	7 g	150 ml	1~3 4 泡以
46	10 年普洱熟砖	紫砂壶 / 盖碗	醒两次 (30 秒 / 次)	7 g	150 ml	100
47	宫廷普洱 (散茶)	紫砂壶 / 盖碗	醒一次 (15 秒)	7 g	150 ml	100
48	普洱大树茶 (熟饼)	紫砂壶 / 盖碗	醒一次 (30 秒)	7 g	150 ml	100

出汤时间	冲泡次数	闻三香	注水方式	凉汤
泡 10 秒，4~8 泡每增加一泡增加 5 秒，后根据实际情况可闷泡	8+	挂杯香 叶底香	回旋低冲	否
泡 5~10 秒，4~8 泡每增加一泡增加，8 泡后根据实际情况可闷泡	8+	摇香 挂杯香	低冲 7 点半	否
泡 5~10 秒，4~8 泡每增加一泡增加，8 泡后根据实际情况可闷泡	8+	摇香 挂杯香	回旋低冲	否
泡 5~10 秒，4~8 泡每增加一泡增加，8 泡后根据实际情况可闷泡	8+	摇香 挂杯香	低冲 7 点半	否
泡醒茶即冲即出，4~8 泡 10~20 秒，后根据实际情况可闷泡	8+	挂杯香	回旋低冲	可以
泡 10 秒，4~8 泡每增加一泡增加 5 秒，后根据实际情况可闷泡	8	挂杯香	回旋低冲	可以
泡 15 秒，4~8 泡每增加一泡增加 5 秒，后根据实际情况可闷泡	8+	挂杯香	回旋低冲	可以

天津市草木人茶艺中心提供

⑦黑茶

序号	品类	器皿选择	醒茶	投茶量	注水量
49	天尖	紫砂壶 / 盖碗	醒一次（10~15 秒）	7 g	150 ml
50	贡尖	紫砂壶 / 盖碗	醒一次（10~15 秒）	7 g	150 ml
51	生尖	紫砂壶 / 盖碗	醒一次（10~15 秒）	7 g	150 ml
52	金尖	紫砂壶 / 盖碗	醒一次（30 秒）	7 g	150 ml
53	茯砖	紫砂壶 / 盖碗	醒一次（30 秒）	7 g	150 ml
54	花砖	紫砂壶 / 盖碗	醒一次（30 秒）	7 g	150 ml
55	黑砖	紫砂壶 / 盖碗	醒一次（30 秒）	7 g	150 ml
56	康砖	紫砂壶 / 盖碗	醒一次（30 秒）	7 g	150 ml
57	六堡茶	紫砂壶 / 盖碗	醒一次（30 秒）	7 g	150 ml
58	花卷	紫砂壶 / 盖碗	醒一次（30 秒）	7 g	150 ml

出汤时间	冲泡次数	闻三香	注水方式	凉汤
10 秒，4~8 泡每增加一泡增加 5 秒，根据实际情况可闷泡	8	挂杯香	回旋低冲	可以
10 秒，4~8 泡每增加一泡增加 5 秒，根据实际情况可闷泡	8	挂杯香	回旋低冲	可以
10 秒，4~8 泡每增加一泡增加 5 秒，根据实际情况可闷泡	8	挂杯香	回旋低冲	可以
泡 15~20 秒，4~8 泡每增加一泡增加 8 泡后根据实际情况可闷泡	8	挂杯香	回旋低冲	否
泡 15~20 秒，4~8 泡每增加一泡增加 8 泡后根据实际情况可闷泡	8	挂杯香	回旋低冲	可以
泡 15~20 秒，4~8 泡每增加一泡增加 8 泡后根据实际情况可闷泡	8	挂杯香	回旋低冲	可以
泡 15~20 秒，4~8 泡每增加一泡增加 8 泡后根据实际情况可闷泡	8	挂杯香	回旋低冲	否
泡 15~20 秒，4~8 泡每增加一泡增加 8 泡后根据实际情况可闷泡	8	挂杯香	回旋低冲	否
泡 15~20 秒，4~8 泡每增加一泡增加 8 泡后根据实际情况可闷泡	8	挂杯香	回旋低冲	可以
泡 15~20 秒，4~8 泡每增加一泡增加 8 泡后根据实际情况可闷泡	8	挂杯香	回旋低冲	可以

天津市草木人茶艺中心提供

⑧ 再加工茶和花草茶

序号	品类	器皿选择	醒茶	投茶量	注水量
59	茉莉银针	盖碗	醒茶 即冲即出	5 g	150 ml
60	黄山贡菊	玻璃杯	不醒茶	2~5 朵	150 ml

出汤时间	冲泡次数	闻三香	注水方式	凉汤
泡 10 秒，第二泡 15 秒，第三泡 20 秒，包 30 秒，5 泡后不建议冲泡	5	摇香 挂杯香	低冲 7 点半	否
泡 10~20 秒，3~5 泡 20~30 秒	5	挂杯香	高冲 7 点半	可以

天津市草木人茶艺中心提供

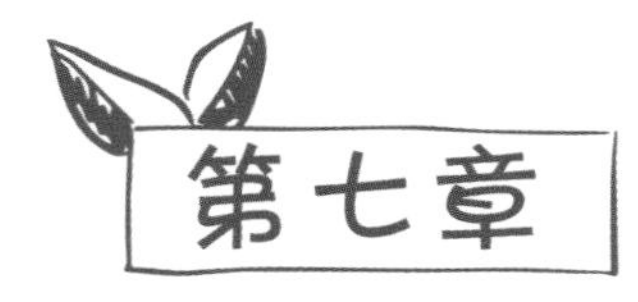

第七章 科学评茶

在我国，茶叶的评定分为审评与检验两部分。

茶叶审评是茶叶感官审评的简称，俗称“评茶”或“看茶”。虽然说法不一样，但说的是一回事。就是以人的感觉器官（视觉、味觉、嗅觉、触觉等感官）来鉴定茶叶的品质优次、好坏的一种感官检验方法。

茶叶检验是借助各种仪器、设备进行检测，将检测结果对照有关规定或限量指标来判断合格与否。

由此可见，茶叶审评是鉴定茶叶品质的一种感官检验方法，而茶叶检验是鉴定茶叶质量所要进行检验的项目和方法。两者既不能相互代替又是不可分割的组成部分。

本章所讲的科学评茶是指感官审评。对于茶叶色、香、味、形、叶底的描述，有专业的审评术语。科学评茶要运用审评术语，对各大茶类的色、香、味、形、叶底，进行等级评定。同时，学会了这些术语，也会方便茶人之间的交流。

一、评茶的五因子与八因子

感官审评分为干评和湿评。干评是针对茶叶外形特征对照标准样，按形状（条索、整碎、净度、色泽四项因子）进行审评。湿评是要开汤冲泡，通常经过5分钟后出汤，审评茶叶的内质，分为嗅香气、观汤色、尝滋味和评叶底四项内容。

茶叶的感官审评，针对各个茶类来说，审评侧重点有所不同。但总体来说，干评（外形）审评分为形状、色泽、匀度和净度，以形状为主；内质审评分为香气、滋味、汤色和叶底，以香气和滋味为主。

感官审评有五因子和八因子之说，其实都是一码事，只是针对的茶叶不同，或者说表达的角度不同而已。一般审评初制的毛茶时，采用审评八因子；而对于精制茶、再加工茶或者商品茶来说，主要审评茶叶的五因子就够了。

评茶五因子是指：外形（条索、整碎、净度、色度）、汤色、香气、滋味及叶底，主要针对精制后的茶，或商品茶。

评茶八因子是指：条索、整碎、净度、色度、汤色、香气、滋味及叶底，主要针对毛茶的审评定级。

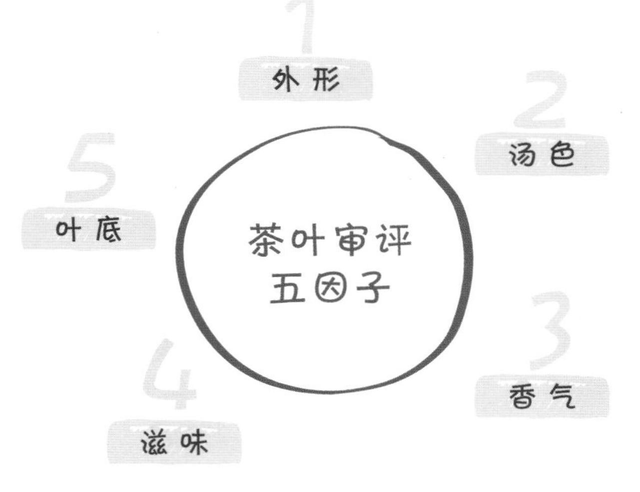
茶叶审评
五因子
1
外形
2
汤色
3
香气
4
滋味
5
叶底

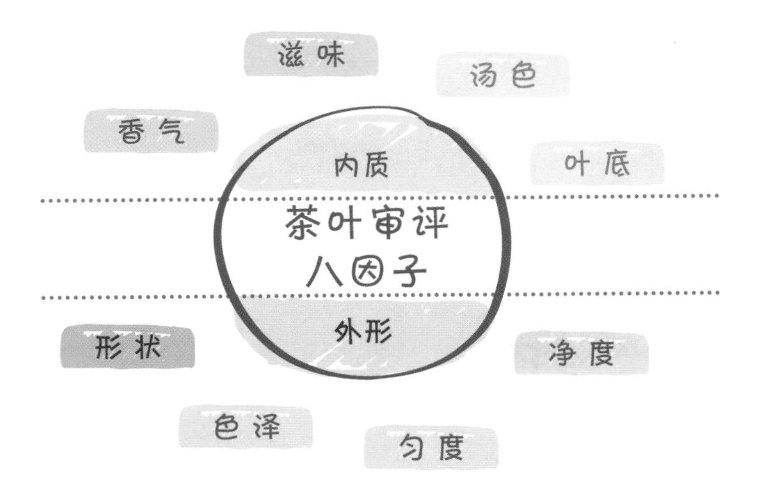
茶叶审评
八因子
内质
滋味
汤色
香气
叶底
外形
形状
净度
色泽
匀度

二、评茶规则

无论毛茶、精制茶或再加工茶，审评时必须对照标准样或贸易成交样的各项因子，进行评定。并记录好评分和评语。评分表明茶叶品质的高低，评语则是用来说明茶叶的品质情况，两者应同时并用。

1. 评分

茶叶的评分方法，分为七档评分法和百分法。

（1）七档评分法

我国在茶叶的感官审评办法（SB/T10157-1993）中规定了茶叶审评方法为七档审评方法。

对照标准样或成交样茶，按照下述方法对审评茶叶的外形和内质因子进行评分。

对照标准样和成交样	评分
高	+3 分
较高	+2 分
稍高	+1 分
相符	0 分或 100 分
稍符	−1 分
较符	−2 分
低	−3 分

评分计算：各茶类外形和内质按各项因子分别评分，以算术平均值为结果。

$$\text{品质总分} = \frac{\text{各项因子评分之和}}{\text{总项数}}$$

（2）百分法

百分法是将各类茶的各个级别定为 10 分，并将每种茶叶的一级作为最高分，例如一级为 90~100 分，二级为 81~90 分，三级为 71~80 分，四级为 61~70 分，以此类推，有特级的，则为 101~110 分。在评比各因子时，分别给予适当的分数，计分则按各茶类各项因子规定的权数，将各因子所得的分数进行加权平均，其值即为本批茶叶的品质总分。

所谓“权数”就是各项品质因子，在整个品质中所处的主次地位，也就是各个品质因子得分占品质总分的百分比。不同茶类的各品质因子的权数是不同的。

茶类	外形	香气	滋味	汤色	叶底
红茶	给分 *30	给分 *20	给分 *20	给分 *10	给分 *20
绿茶	给分 *30	给分 *20	给分 *20	给分 *10	给分 *20
青茶	给分 *20	给分 *35	给分 *30	评语 不给分	给分 *15
花茶	给分 *20	给分 *40	给分 *30	评语 不给分	给分 *10

评分计算公式：

$$\text{评定分数} = \frac{\text{各项（因子给分 * 加权数）之和}}{\text{总加权数}}$$

60种名茶
标准茶样库

草木人
60种名茶
标准茶样库

正山小种
金骏眉

2. 评茶术语

（1）外形术语

显毫： tippy 茸毛含量特别多。同义词茸毛显露。

锋苗： tip 芽叶细嫩，紧卷而有尖锋。

身骨： body 茶身轻重。

重实： heavy body 身骨重，茶在手中有沉重感。

轻飘： light 身骨轻，茶在手中份量很轻。

匀整： evenly 上中下三段茶的粗细、长短、大小较一致，比例适当，无脱档现象。同义词匀齐。

脱档： unsymmetry 上下段茶多，中段茶少，三段茶比例不当。

匀净： neat 匀整，不含梗朴及其他夹杂物。

挺直： straight 光滑匀齐，不曲不弯。同义词平直。

弯曲： bend 不直，呈钩状或弓状。同义词钩曲。

平伏： flat and even 茶叶在盘中相互紧贴，无松起架空现象。

紧结： tightly 卷紧而结实。

紧直： tight and straight 卷紧而圆直。

紧实： tight and heavy 松紧适中，身骨较重实。

肥壮： fat and bold 芽叶肥嫩身骨重。同义词雄壮。

壮实： sturdy 尚肥嫩，身骨较重实。

粗实： coarse and bold 嫩度较差，形粗大而尚重实。

粗松： coarse and loose 嫩度差，形状粗大而松散。

松条： loose 卷紧度较差。同义词松泡。

松扁： loose and flat 不紧而呈平扁状。

扁块： flat and round 结成扁圆形或不规则圆形带扁的块。

圆浑： roundy 条索圆而紧结。

圆直： roundy and straight 条索圆浑而挺直。同义词浑直。

扁条： flaty 条形扁，欠圆浑。

短钝： short and blunt 茶条折断，无锋苗。同义词，短秃。

短碎： short and broken 面张条短，下段茶多，欠匀整。

松碎： loose and broken 条松而短碎。

下脚重： heavy lower parts 下段中最小的筛号茶过多。

爆点： blister 干茶上的突起泡点。

破口： chop 折、切断口痕迹显露。

油润： bloom 干茶色泽鲜活，光泽好。

枯暗： dry dull 色泽枯燥，无光泽。

调匀： even colour 叶色均匀一致。

花杂： mixed 叶色不一、形状不一。此术语也适用于叶底。

（2）汤色术语

清澈： clear 清净、透明、光亮、无沉淀物。

鲜艳： fresh brilliant 鲜明艳丽，清澈明亮。

鲜明： fresh bright 新鲜明亮。此术语也适用于叶底。

深： deep 茶汤颜色深。

浅： light colour 茶汤色浅似水。

明亮： bright 茶汤清净透明。

暗： dull 不透亮。此术语也适用于叶底。

混浊： suspension 茶汤中有大量悬浮物，透明度差。

沉淀物： precipitate 茶汤中沉于碗底的物质。

（3）香气术语

高香： high aroma 茶香高而持久。

纯正： pure and normal 茶香不高不低，纯净正常。

平正： normal 较低，但无异杂气。

低： low 低微，但无粗气。

钝浊： stunt 滞钝不爽。

闷气： sulks odour 沉闷不爽。

粗气： harsh odour 粗老叶的气息。

青臭气： green odour 带有青草或青叶气息。

高火： high-fired 微带烤黄的锅巴或焦糖香气。

老火： over-fired 火气程度重于高火。

陈气： stale odour 茶叶陈化的气息。

劣异气： gone-off and tainted odour 烟、焦、酸、馊、霉等茶叶劣变或污染外来物质所产生的气息。使用时应指明属何种劣异气。

（4）滋味术语

回甘： sweet after taste 回味较佳，略有甜感。

浓厚： heavy and thick 茶汤味厚，刺激性强。

醇厚： mellow and thick 爽适甘厚，有刺激性。

浓醇： heavy and mellow 浓爽适口，回味甘醇。刺激性比浓厚弱而比醇厚强。

醇正： mellow and normal 清爽正常，略带甜。

醇和： mellow 醇而平和，带甜。刺激性比醇正弱而比平和强。

平和： neutral 茶味正常，刺激性弱。

淡薄： plain and thin 入口稍有茶味，以后就淡而无味。同义词和淡、清淡、平淡。

涩： astringency 茶汤入口后，有麻嘴厚舌的感觉。

粗： harsh 粗糙滞钝。

青涩： green and astringency 涩而带有生青味。

苦： bitter 入口即有苦味，后味更苦。

熟味： ripe taste 茶汤入口不爽，带有蒸熟或闷熟味。

高火味： high-fire taste 高火气的茶叶，在尝味时也有火气味。

老火味： over-fired taste 近似带焦的味感。

陈味： stale taste 陈变的滋味。

劣异味： gone-off and tainted taste 烟、焦、酸、馊、霉等茶叶劣变或污染外来物质所产生的味感。使用时应指明属何种劣异味。

（5）叶底术语

细嫩： fine and tender 芽头多，叶子细小嫩软。

柔嫩： soft and tender 嫩而柔软。

柔软： soft 手按如绵，按后伏贴盘底。

匀： even 老嫩、大小、厚薄、整碎或色泽等均匀一致。

杂： uneven 老嫩、大小、厚薄、整碎或色泽等不一致。

嫩匀： tender and even 芽叶匀齐一致，嫩而柔软。

肥厚： fat and thick 芽头肥壮，叶肉肥厚，叶脉不露。

开展： open 叶张展开，叶质柔软。同义词舒展。

摊张： open leaf 老叶摊开。

粗老： coarse 叶质粗梗，叶脉显露。

皱缩： shrink 叶质老，叶面卷缩起皱纹。

瘦薄： thin 芽头瘦小，叶张单薄少肉。

薄硬： thin and hard 叶质老瘦薄较硬。

破碎： broken 断碎、破碎叶片多。

鲜亮： fresh bright 鲜艳明亮。

暗杂： dull and mixed 叶色暗沉、老嫩不一。

硬杂： hard and mixed 叶质粗老、坚硬、多梗、色泽驳杂。

焦斑： scorch batch 叶张边缘、叶面或叶背有局部黑色或黄色烧伤斑痕。

三、茶叶的等级审评

1. 绿茶的等级审评

（1）外形审评

外形审评的内容包括嫩度、形态、色泽、整碎、净杂等。一般嫩度好的产品具有细嫩多毫、紧结重实、芽叶完整、色泽调和和油润的特点；而嫩度差的茶呈现粗松、轻飘、弯曲、扁条、老嫩不匀、色泽花杂、枯暗欠亮的特征。

（2）内质审评

质量好的绿茶汤色清澈明亮，而低档茶汤色欠明亮，陈茶的汤色发暗变深。香气以花香、嫩香、清香、栗香为优，淡薄、熟闷、低沉、粗老为差。

滋味审评以浓、醇、鲜、甜为好，淡、苦、粗、涩为差。

叶底审评以原料嫩而芽多、厚而柔软、匀整、明亮的为好，以叶质粗老、硬、薄、花杂、老嫩不一、大小欠匀、色泽不调和为差。叶底的色泽以淡绿微黄、鲜明一致为佳，其次是黄绿色。而深绿、暗绿表明品质欠佳。

2. 白茶的等级审评

白茶属于微发酵茶，是我国六大茶类的一种，主要产于福建省福鼎市、政和、建阳、建瓯及云南省景谷等地。其品质特征为：汤色清淡、滋味鲜醇、有毫香或花果香。

（1）外形审评

白毫银针，以大白茶或水仙茶树品种的单芽为原料，经萎凋、干燥、拣剔等特定工艺过程制成的白茶产品。优质的白毫银针芽针肥壮、茸毛厚、匀齐洁净，色泽银灰白、富有光泽。以福鼎大白茶或大毫茶为原料生产的白毫银针称为北路白毫银针（以福鼎产区为代表）……以芽瘦小而短、色灰为次。

白牡丹，以大白茶或水仙茶树品种的一芽一叶、一芽二叶为原料，经萎凋、干燥、拣剔等特定工艺过程制成的白茶产品。优质的白牡丹毫心多肥壮、叶背多茸毛，色泽灰绿润。以芽叶瘦薄、色灰为次。

贡眉，以群体种茶树品种的嫩梢为原料，经萎凋、干燥、拣剔等特定工艺过程制成的白茶产品。优质的贡眉叶态卷、有毫心，色泽灰绿或墨绿。

寿眉，以大白茶、水仙或群体种茶树品种的嫩梢或叶片为原料，经萎凋、干燥、拣剔等特定工艺过程制成的白茶产品。优质的寿眉条索尚紧卷，色泽尚灰绿。

新白茶，采用大白、水仙或群体种的芽叶为原料，经过工艺创新制作而成。新白茶外形以条索粗松带卷、色泽褐绿为上，无芽、色泽棕褐为次。

（2）内质审评

主要审评茶汤的色泽、香气、滋味和叶底。审评方法为：将 3 克茶叶用 150ml 沸水冲泡，浸泡 5min 后对各审评项目进行审评。

汤色以橙黄明亮或浅杏黄色为好，红、暗、浊为劣。

香气以毫香浓郁、清鲜纯正为上，淡薄、生青气、发霉失鲜、有红茶发酵气为次。

滋味以鲜美、酵爽、清甜为上，粗涩淡薄为差。

叶底嫩度以匀整、毫芽多为上，带硬梗、叶张破碎、粗老为次；色泽以鲜亮为好，花杂、暗红、焦红边为差。

3. 黄茶的等级审评

黄茶属轻发酵茶类，加工工艺近似绿茶，只是在干燥过程的前或后，增加一道“闷黄”的工艺。

黄茶因品种和加工技术不同，形状有明显差别。如君山银针以形似针、芽头肥壮、满披毫毛的为好，芽瘦扁、毫少为差。蒙顶黄芽以条扁直、芽壮多毫为上，条弯曲、芽瘦少为差。鹿苑茶以条索紧结卷曲呈环形、显毫为佳，条松直、不显毫的为差。黄大茶以叶肥厚成条、梗长壮、梗叶相连为好，叶片状、梗细短、梗叶分离或梗断叶破为差。评色泽比黄色的枯润、暗鲜等，以金黄色鲜润为优，色枯暗为差。评净度比梗、片、末及非茶类夹杂物含量。黄大茶干嗅香气以火功足有锅巴香为好，火功不足为次，有青闷气或粗青气为差。

评内质汤色以黄汤明亮为优，黄暗或黄浊为次。香气以清悦为优，有闷浊气为差。滋味以醇和鲜爽、回甘、收敛性弱为好；苦、涩、淡、闷为次。叶底以芽叶肥壮、匀整、黄色鲜亮的为好，芽叶瘦薄黄暗的为次。

4. 乌龙茶的等级审评

乌龙茶审评重视内质，外形并不作为审评重点。凡是以开面茶，也就是成熟叶片为主要原料制作的茶类，外形都不作为审评重点，如乌龙茶类、黑茶类。香气和滋味是决定乌龙茶品质的重要条件，其次才是外形和叶底，汤色仅为审评上的参考。乌龙茶的成品质量还着重品种特征。这些品种特征大体上可以从外形、内质和叶底几方面鉴别出来。

（1）外形

乌龙茶外形条索可分为两种类型。

直条形：叶端扭曲，条索壮结，如武夷水仙，肉桂等。

卷曲形：条索紧结，如铁观音，高山乌龙等。同是卷曲形茶，铁观音比高山乌龙重实。

（2）香气和滋味

乌龙茶的香气和滋味同茶树品种的关系很大。乌龙茶香气以花香为好，尤其铁观音，兰花香为上品好茶。武夷岩茶要求具有岩韵，铁观音要求具有音韵。乌龙茶还要求具有一定的火候，火候适当，可以使品种特征显露。焙火过头了，火气味太重，茶质发空，焙火轻了，韵味不足。因此，在审评时还要评定火候。

（3）叶底

叶底主要看老嫩，厚薄，叶色和均匀程度。要求叶张完整，匀度，嫩度好。色泽翠绿稍带黄，红点明亮，这样的茶叶品质就好。色泽只要一发暗，品质就好不到哪去了，暗绿，暗红都不好。叶张形态有助于鉴定品种。如水仙品种叶张长大，主脉基部宽扁；铁观音叶张肥厚，呈椭圆形；佛手叶张接近圆形；毛蟹叶张锯齿密，茸毛多，黄桕叶张薄，叶色黄多绿

铁观音
黑金刚
东方美人
红乌龙
阿里山乌龙
大红袍

少等。

5. 红茶的等级审评

红茶按照其分类，具体的审评标准见下。

工夫红茶： 侧重外形美观匀称。外形审评条索、整碎、色泽、净度等因子。条索比长短秀钝、粗细、含毫量，紧结挺秀，有锋苗、白毫显露、身骨重实为优，反之则次。内质评汤色、香气、滋味、叶底。汤色比深浅、明暗、清浊等。汤红色艳、碗沿有明亮金圈或有“冷后浑”（乳凝现象）是品质好的表现，红亮或红明次之，红暗或混浊者最差。香气比正常、高低、鲜纯、嫩老。滋味比浓淡、强弱、鲜爽、粗涩。工夫红茶注重香气的类型、高低、新鲜与持久性。香气以高锐、新鲜持久为优，滋味以醇厚、鲜甜爽口为优。工夫红茶宜于清饮，强调香高味醇。

小种红茶：条索以狭长松散、叶肉厚、色泽乌润为佳，细瘦灰枯为次。内质以具有柏木烟香和桂圆汤似的滋味为上品。叶底比嫩度及色泽，嫩度比叶质软硬、厚薄。色泽比红艳、暗杂。以芽叶齐整匀净、柔软厚实，用手一摸，有弹性，色泽红亮鲜活为优。

红碎茶：红碎茶审评以内质为主，外形不作为审评重点。内质以汤味浓、强、鲜为主要依据，香味评浓度、强度、鲜度几项因子。汤味浓度是指水可溶物的多少，茶汤进口后，舌面有浓厚感觉，为浓度高，品质好，以淡薄为次。强度比刺激性程度。强度反映红碎茶的风格类型，以强烈有刺激性为好，醇厚、平和为次。鲜度比鲜爽程度，以清新、鲜爽为好，滞钝、陈气为次。

红茶珍品，以特有的芬芳香气、细嫩而不太浓的滋味取胜；季节性的好茶以特有的清新、愉快的香味决定质量，而不取决于浓度。

6.黑茶的等级审评

砖茶及篓装散茶均具陈香。因黑茶经过渥堆发酵，没有绿茶清香；又因原料较粗老，工艺特殊，没有红茶、青茶的甜香花香。但黑茶的陈香不应有陈霉气味，六堡茶、方包茶应具松烟香。

滇红　滇红茶汤　滇红叶底
闽红　闽红茶汤　闽红叶底

黑茶滋味主要是醇而不涩。普洱茶滋味醇浓，康砖茶醇厚，其他茶醇和、纯正，六堡茶具槟榔香味，湖南天尖醇厚，贡尖醇和，黑砖醇和微涩。

黑茶类的汤色评色度、亮度、清浊度。黑茶汤色以橙黄或橙红为佳。普洱茶呈橙红色，琥珀汤色；普洱沱茶、七子饼茶等呈深红色。普洱紧茶呈红浓色；普洱散茶高级茶呈橙红色，中低级茶要求红亮。湖南“三尖”汤色橙黄，“三砖”、茯砖要求橙红，花砖、黑砖要求橙黄带红为主。六堡茶要求汤色红浓。康砖要求红黄色，青砖要求黄红色。汤色要求明亮，忌浊；汤浊者香味不纯正或馊或酸，多视为劣变。

实验部分

实验一：寻找黄金圈

实验目的

多酚类物质在红茶发酵工序中，变化复杂，大致分为三部分：未被氧化的儿茶素；水溶性氧化物（TF、TR、TB）；非水溶性氧化物。而水溶性氧化物是构成汤色的主要成分，其中TF含量的多少，以及TR/TF的比例，决定着红茶的等级。

本实验的目的在于通过直接冲泡，肉眼直接观察黄金圈的黄度、亮度、厚度，来判断红茶的发酵程度，为评判红茶品质提供重要参考。

实验原理

（1）红茶色素：

① 茶黄素：主导着茶汤的“亮度”，含量越高，汤色越亮，是形成“黄金圈”的主要物质。

② 茶红素：主导着茶汤的“红度”，与红茶品质正相关。

③ 茶褐素：主导着茶汤的“暗度”，与红茶品质负相关。

④ TF和TR比例较大（TF>0.7%,TR>10%,TR/TF=10～15时），TB较少时，红茶品质优良。如TF少，汤的亮度差。TR少，汤红浅，说明发酵不足。TB多，红暗不亮，说明发酵过度。

（2）原理：

在白瓷盖碗中冲泡高品质红茶，观察茶汤与白瓷盖碗的交界处，即茶汤的截面处，茶黄素、茶红素会出现层次感，沿盖碗壁有一圈金黄色的茶汤，在白瓷和红色之间，会很明显。

实验器具 和 茶样	 ① 茶样准备：祁门红茶 3 克； ② 茶器：盖碗 1 个；随手泡 1 个。
实验 步骤	   黄金圈 将准备好的茶样放入盖碗中，用 90℃的水开始冲泡。
结果讨论 与 注意事项	① 观察黄金圈持续的时间，体会红茶应提倡现泡现喝，而且趁热慢喝。 ② 冲泡红茶时最好高冲 7 点半。建议茶水比例 1 ∶ 50。

实验二：升华咖啡碱

实验目的

绿茶的特点是“清汤绿叶”，滋味鲜醇。绿茶中鲜爽度的呈味因子主要是氨基酸，与茶汤品质正相关；茶汤中酯型儿茶素呈苦涩味，收敛性强，含量与茶汤品质负相关；咖啡碱呈苦味，含量与茶汤品质负相关。

本实验的目的在于通过加热来观察咖啡碱的升华，并感受茶汤滋味的变化。

实验原理

咖啡碱的化学性质比较稳定，咖啡碱无臭，有苦味，是一种无色针状结晶体，热至120℃升华。在制茶过程中，由于不发生氧化作用，因此，含量变化不大，只有在干燥过程中，若温度过高，咖啡碱会因升华而有部分损失。

实验器具和茶样

①茶样准备：六安瓜片 8 克两份。

②茶器：烘茶器 2 个；玻璃板一块；盖碗 1 个；大圆公杯 2 个；竹茶盘 1 个；茶夹 1 个；滤网 1 个；相应数量的品茗杯。

实验步骤

① 将准备好的茶样放入烘茶器中，烤 5 至 10 分钟。然后用盖碗冲泡，用大圆公杯分茶。

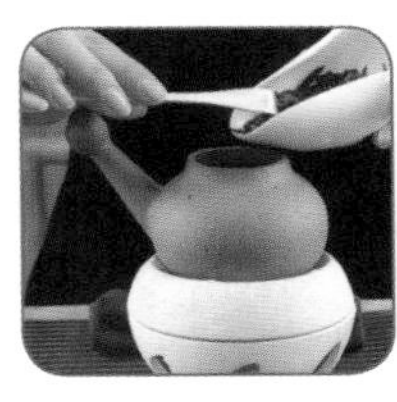

② 将准备好的茶样放入另一烘茶器中，盖上玻璃板，烤 5 至 10 分钟，观察玻璃板的变化。并尝试白色物质的味道。

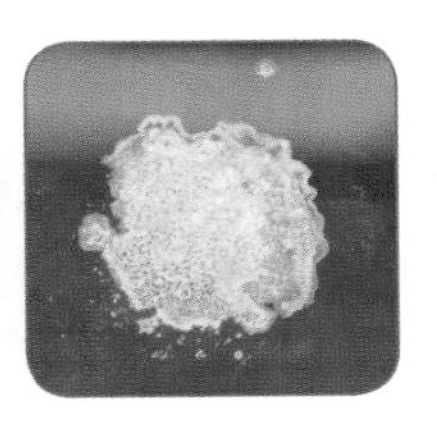

结果讨论与注意事项

① 品尝茶汤的滋味，是否有苦味。

② 注意翻动烤茶器中茶，茶叶要求受热均匀，防止茶叶局部受热。

③ 茶叶受热，咖啡碱会升华，在玻璃板上凝结白色的晶体，感受白色物质的味道，是苦味。

实验三：减少酯型儿茶素的溶出

实验目的

茶汤中酯型儿茶素呈苦涩味，收敛性强，茶汤中含量与口感负相关；本实验的目的在于通过低温冲泡减少茶汤的苦涩味，进一步认识酯型儿茶素，对于泡茶有一定的指导意义。竹茶盘 1 个；茶夹 1 个；滤网 1 个；相应数量的品茗杯。

实验原理

儿茶素类是茶多酚的主要物质，对制茶品质影响很大。复杂的酯型儿茶素具有强烈收敛性，苦涩味较重；而简单的游离型儿茶素收敛性较弱，味醇或不苦涩。

利用儿茶素易溶于热水，而酯型儿茶素在温水中溶出量较少的原理，用 60℃的开水与 100℃开水对比泡茶，感受不同的口感。另外，60℃的开水泡茶，咖啡碱的含量也大大降低，所以基本感受不到苦味和涩味。

实验器具和茶样

① 茶样准备：六安瓜片 8 克两份。
② 茶器：盖碗 2 个；温度计一个；大圆公杯 4 个；竹茶盘 1 个；茶夹 1 个；滤网 2 个；品茗杯每个学员一个。

实验步骤

同时烧好两壶开水，用两个大圆公杯来回翻倒，至水温降至60℃。再用60℃的水和刚烧开的100℃的水同时对泡。用两个大圆公杯来回翻倒100℃的水冲泡的茶汤，迅速降至60℃以下，最后请大家品尝。

① 60℃水泡的

② 100℃水泡的

结果讨论与注意事项

① 体会不同温度水泡出的茶汤滋味，60℃的水泡出的茶味纯正，刺激弱。而100℃开水泡的茶，浓厚，有苦涩。

② 注意：品尝时，尽量让两种茶汤温度接近，才更具对比性。

实验四：冷后浑的形成

实验目的

茶汤放凉后，尤其是红茶的茶汤放凉后，会出现浑浊的悬浮物。本实验的目的在于通过冲泡后冷藏，肉眼直接观察冷后浑，来了解冷后浑形成的机理。

实验原理

咖啡碱能与多酚类化合物，特别是与多酚类的氧化产物茶红茶、茶黄素形成络合物，不溶于冷水而溶于热水。当茶汤冷却之后，便出现乳酯沉淀，这种络合物便悬浮于茶汤中，使茶汤混浊成乳状，称为“冷后浑”。

“冷后浑”与红茶的鲜爽度和浓强度有关。因此，通过“冷后浑”现象可间接判断茶汤品质，一般冷后浑快，黄浆状明显，乳状物颜色鲜明，汤质较好。

实验器具和茶样

① 茶样准备：祁门红茶 6 克两份。
② 茶器：保温炉 1 个；大圆公杯 2 个；打火机 1 个。

实验步骤	   ① 提前2小时准备两个大圆公杯，泡两杯祁门红茶，投茶量都是6克。 ② 待凉后，用保鲜膜包好，放置冰箱冷藏。上课时拿出来，观看冷后浑现象。 ③ 将其中一个公杯加热，观察冷后浑消失，茶汤恢复清澈。
结果讨论与注意事项	① 讨论冷后浑消失原因。 ② 冲泡红茶时，最好回旋低冲。建议茶水比例1 ： 30。

图书在版编目（CIP）数据

茶叶密码 / 郝连奇著 . —2 版（修订本）. —武汉：华中科技大学出版社，2018.5（2023.6重印）
ISBN 978-7-5680-3867-6

Ⅰ . ①茶… Ⅱ . ①郝… Ⅲ . ①茶叶－普及读物 Ⅳ . ① TS272.5-49

中国版本图书馆 CIP 数据核字 (2018) 第 054444 号

茶叶密码（修订本）
Chaye Mima

郝连奇 著

策划编辑：杨 静 陈心玉
责任编辑：陈心玉
封面设计：红杉林文化
责任校对：李 琴
责任监印：朱 玢
出版发行：华中科技大学出版社（中国·武汉） 电话：(027)81321913
武汉市东湖新技术开发区华工科技园 邮编：430223
录 排：华中科技大学惠友文印中心
印 刷：武汉精一佳印刷有限公司
开 本：710mm × 1000mm 1/16
印 张：18.5
字 数：202 千字
版 次：2023 年 6 月第 2 版第 5 次印刷
定 价：108.00 元